新编中等职业学校电子类专业基础课程通用系列教材

电力拖动与 PLC 控制技术

主　编　何　成
副主编　柏春旺　罗照真　吕湘池　汤　鑫

电子工业出版社
Publishing House of Electronics Industry
北京·BEIJING

内 容 简 介

本书分为电气控制技术、可编程控制技术两部分，并配有模拟试卷。电气控制技术部分包括第1、2章；可编程控制技术部分包括第3、4章；模拟试卷包括8套基础能力测试卷和8套综合模拟试卷。第1~4章各节的练习题及测试卷都配有参考答案，为学生学习和教师教学提供参考。

本书是为中等职业院校电子电工类学生参加对口升学考试量身打造的学习用书，也可以作为机电等相关专业学生的学习辅导用书。

未经许可，不得以任何方式复制或抄袭本书之部分或全部内容。
版权所有，侵权必究。

图书在版编目（CIP）数据

电力拖动与PLC控制技术 / 何成主编. —北京：电子工业出版社，2022.3

ISBN 978-7-121-43121-0

Ⅰ.①电… Ⅱ.①何… Ⅲ.①电力传动－中等专业学校－教材②PLC 技术－中等专业学校－教材 Ⅳ.①TM921②TM571.61

中国版本图书馆 CIP 数据核字（2022）第 041519 号

责任编辑：蒲　玥　　　　　　　特约编辑：田学清
印　　刷：涿州市般润文化传播有限公司
装　　订：涿州市般润文化传播有限公司
出版发行：电子工业出版社
　　　　　北京市海淀区万寿路 173 信箱　　邮编：100036
开　　本：880×1230　1/16　印张：9.25　字数：268 千字
版　　次：2022 年 3 月第 1 版
印　　次：2023 年 1 月第 2 次印刷
定　　价：46.00 元（含试卷）

凡所购买电子工业出版社图书有缺损问题，请向购买书店调换。若书店售缺，请与本社发行部联系，联系及邮购电话：（010）88254888，88258888。
质量投诉请发邮件至 zlts@phei.com.cn，盗版侵权举报请发邮件至 dbqq@phei.com.cn。
本书咨询联系方式：（010）88254485，puyue@phei.com.cn。

前　言

"职教高考"是推进职业教育发展的重要抓手，是职业教育未来发展的重要方向。《国家职业教育改革实施方案》明确强调：全力提高中等职业教育发展水平，建立职业高考制度。"电力拖动与PLC控制技术"课程是电子电工类专业对口升学考试的必考内容。然而广大学子在复习备考过程中深感教学资料非常有限，尤其是针对性强的习题类复习资料更是匮乏。因此，急需一套针对学生实际情况、以课程教学为表现形式、知识点全面且有层次、学法指导通俗易懂、例题选取全面、紧扣新考试大纲的复习指导用书。

本书在编写过程中，总结了十余年来编者在"电力拖动与PLC控制技术"课程中的理论与实践教学经验，并广泛收集了历年考题及不同版本的教科书、习题集中的经典题例，在教学实践中取得了很好的效果。现在编者将"电力拖动与PLC控制技术"课程内容科学系统地整理成册，供同行教师和莘莘学子参考。

本书具有以下几个特点。

1. 学习要求明确：根据教育部颁发的教学大纲，并综合参考多地区的考纲，提出了明确的学习要求，帮助学生明确考题的方向，抓住考点，打好基础。

2. 知识同步指导：将全书知识先化整为零，对各章节的知识点进行指导分析和学法点拨，内容选取上紧扣考纲，并根据本课程在行业中的新应用适度拓展深度和广度。

3. 经典例题解析：所选例题以历年考题为基础，不仅详细阐述了解题的过程，还突出了解题的思路、方法和技巧，并对学生易出错处加以点评，有利于帮助学生理解和巩固基本概念，提高解题能力。

4. 同步练习和综合练习相结合：习题难度梯度设计合理，同步练习与综合练习相呼应，部分具有相当难度的习题，可以进一步提高学生的解题能力，因此也更适合对口升学学生的备考复习；各章节习题、试卷的参考答案，请登录华信教育资源网（http://www.hxedu.com.cn）免费注册下载，以方便学生查对。

5. 内容完整全面：内容选取上围绕本课程的重点、难点和考点，翔实、系统且全面。将近十多年的高考试题和全真模拟测试题融入各节练习题，基础能力测试卷A、B卷，综合模拟试卷中，从不同形式、不同层面上帮助学生巩固知识、融合知识和运用知识，有利于学生学习及复习备考。

电力拖动与 PLC 控制技术

　　本书由何成担任主编，柏春旺、罗照真、吕湘池、汤鑫担任副主编，在编写过程中也得到了郴州综合职业中专学校欧小东等老师的悉心指导，得到了宁远县职业中专学校领导及同事们的大力支持，在此向他们表示诚挚的感谢。

　　由于编者水平有限，书中难免有不妥之处，敬请专家和读者批评指正。

目 录

第一部分 电气控制技术

第1章 控制用电磁组件 2
1.1 低压电器的分类 2
1.2 主令电器 5
1.3 接触器 12
1.4 电磁式继电器 19
1.5 时间继电器、热继电器和速度继电器 24
1.6 低压断路器与熔断器 31

第2章 电气控制系统的基本电路 37
2.1 电气控制电路的绘制 37
2.2 三相异步电动机 39
2.3 三相异步电动机的连续控制电路 47
2.4 三相异步电动机的多地控制与顺序控制 54
2.5 三相异步电动机的正反转控制 61
2.6 三相异步电动机降压启动控制电路 67
2.7 三相异步电动机的电气制动控制电路 73
2.8 电气控制电路中的保护措施 78

第二部分 可编程控制技术

第3章 可编程控制器的基本概况 82
3.1 可编程控制器简介 82
3.2 可编程控制器的基本组成及工作原理 85
3.3 可编程控制器的输入/输出单元 91

第4章 FX系列PLC的指令系统 97
4.1 FX系列PLC的内部系统配置 97
4.2 FX系列PLC的基本指令（LD、LDI、OUT、AND、ANI）及编程方法 102
4.3 FX系列PLC的基本指令（OR、ORI、ANB、ORB）及编程方法 110

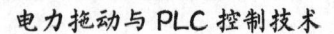

4.4 FX 系列 PLC 的基本指令（MPS、MRD、 MPP、MC、MCR）及编程方法 116

4.5 FX 系列 PLC 的基本指令（SET、RST、PLS、 PLF、NOP、END）及编程方法 122

4.6 画梯形图的规则和技巧 128

4.7 常用基本单元电路的编程举例 131

第一部分

电气控制技术

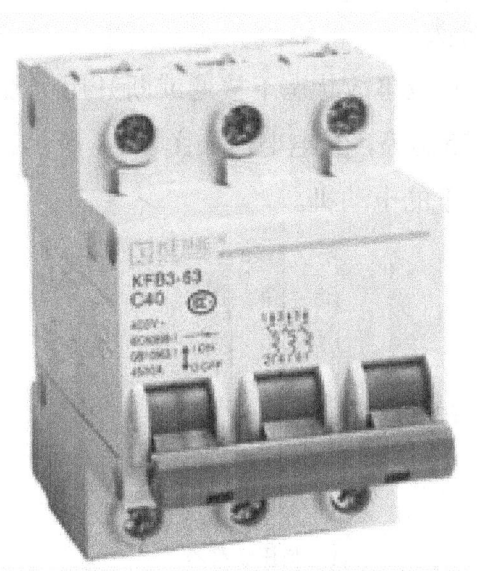

第1章 控制用电磁组件

1.1 低压电器的分类

知识梳理

1. 电气与电器的概念

（1）**电气**：电气是电能的生产、传输、分配、使用和电工设备制造等学科或工程领域的统称。

（2）**电器**：电器是所有电工器械的简称，单指设备，如继电器、接触器、控制按钮等。电器最基本、最典型的功能是分断和闭合。

2. 电器分类

（1）**低压电器**：工作在交流额定电压1200V及以下、直流额定电压1500V及以下的电路中起通断、保护、控制或调节作用的电器设备。

（2）**高压电器**：工作在交流额定电压1200V以上、直流额定电压1500V以上电路中的电器设备。

3. 低压电器的分类

1）按用途和控制对象分类

（1）**配电电器**：是指正常或事故状态下接通或断开用电设备和供电电网所用的电器，如刀开关、低压断路器、熔断器等。配电电器如图1.1.1所示。其中在电气控制系统中，刀开关主要用来控制5.5kW以下的电动机。

 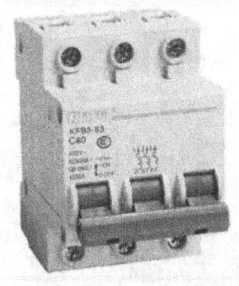 

（a）刀开关　　　　　　　　（b）低压断路器　　　　　　　（c）熔断器

图1.1.1　配电电器

（2）**控制电器**：是指电动机完成生产机械要求的启动、调速、反转和停止所用的电器，如熔断器、转换开关、控制按钮、接触器、继电器、电磁阀、热继电器等。常用电器如图1.1.2所示。

（3）**执行电器**：是用于完成某种动作或传送功能的电器，如电磁铁、电磁离合器等。

（4）**主令电器**：是指用于发送控制指令的电器，如控制按钮、主令开关、行程开关、主令控制器、转换开关、接近开关、光电开关、十字开关等。

（5）**保护电器**：是指对电路及用电设备进行保护的电器，如熔断器、热继电器、电压继电器、电流继电器等。

（a）转换开关　　　　　　　　　　（b）控制按钮

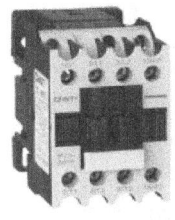   

（c）接触器　　（d）继电器　　（e）电磁阀　　（f）热继电器

图 1.1.2　常用电器

2）按操作方式分类

（1）**手动电器**：是通过人工或外力直接操作而动作的电器，如刀开关、控制按钮、转换开关。

（2）**自动电器**：是根据外来的信号或某个物理量的变化而自动动作的电器，如低压断路器、接触器、继电器。

3）按电器执行功能分类

（1）**有触点电器**：电器通断电路的执行功能由触点来实现，如开关、控制按钮。

（2）**无触点电器**：电器通断电路的执行功能由输出信号的逻辑电平来实现，如晶闸管（可控硅）、IGBT 等。

（3）**混合电器**：有触点和无触点结合的电器。

4）按工作原理分类

（1）**电磁式电器**：由感受部分（电磁机构）和执行部分（触点系统）组成，如交、直流接触器，电磁式继电器等。

（2）**非电量控制电器**：由非电磁力控制电器触点的动作，如刀开关、行程开关、控制按钮等。

经典例题解析

【例1】(2017模拟卷)根据工作的额定电压高低，将工作在交流额定电压_____及以下、直流额定电压_____及以下的电器称为低压电器。（　　）

A．800V　1000V　　B．1000V　1200V　　C．2000V　2600V　　D．1200V　1500V

【答案】：D

【解析】：本题的考查点是电器的额定参数。根据工作的额定电压的高低，将工作在交流额定电压 1200V 及以下、直流额定电压 1500V 及以下的电器称为低压电器。故选 D。

【例2】（2018 湖南省联考）控制电器主要有电动机启动器、继电器、（   ）等。

A．电磁铁   B．低压断路器   C．接触器   D．刀开关

【答案】：C

【解析】：本题的考查点是控制电器的概念及常用的控制电器。控制电器主要用于各种控制电路和控制系统的电器，如电动机启动器、继电器、接触器等。故选 C。

同步练习

一、单项选择题

1．高压电器是指工作在额定电压（   ）以上电路中的电器设备。
   A．交流 220V、直流 380V   B．交流 380V、直流 220V
   C．交流 1200V、直流 1500V   D．交流 1500V、直流 1200V

2．常用的保护电器为（   ）。
   A．刀开关   B．熔断器   C．接触器   D．继电器

3．手动切换的电器为（   ）。
   A．低压断路器   B．继电器   C．接触器   D．组合开关

4．通过人工或外力直接操作而动作的电器是（   ）。
   A．自动电器   B．手动电器   C．控制电器   D．主令电器

5．主令电器是指用于发送控制指令的电器，对此下列哪项不是主令电器。（   ）
   A．控制按钮、主令开关   B．行程开关、主令控制器
   C．转换开关   D．熔断器

6．下列哪个电器是自动电器。（   ）
   A．接触器   B．刀开关   C．控制按钮   D．转换开关

7．下列哪个电器是无触点电器。（   ）
   A．低压断路器   B．晶闸管   C．接触器   D．继电器

二、填空题

1．电器最基本、最典型的功能是_____和_____。
2．电器按工作电压等级分为_____、_____。
3．低压电器按工作原理分为_____、_____。
4．低压电器按用途和控制对象分为_____、_____、_____、_____。
5．低压电器按执行功能分为_____、_____、_____、_____。
6．低压电器按操作方式分_____、_____。

三、判断题（请在正确的后面写"T"，错误的后面写"F"）

1．电器是电能的生产、传输、分配、使用和电工设备制造等学科或工程领域的统称。
（　　）

2．电器是所有电工器械的简称，单指设备，如继电器、接触器、控制按钮等。
（　　）

3．自动电器是通过人工或外力直接操作而动作的电器，如刀开关、控制按钮、转换开关。（　　）

4．有触点电器通断电路的执行功能由输出信号的逻辑电平来实现，如晶闸管。
（　　）

5．由触点来实现通断电路执行功能的电器称为无触点电器，如开关、控制按钮。
（　　）

6．用于发送控制指令的电器是主令电器，如控制按钮、主令开关、行程开关。
（　　）

7．对电路及用电设备进行保护的电器是控制电器，如熔断器、热继电器、电压继电器、电流继电器等。（　　）

8．用于完成某种动作或传送功能的电器是控制电器，如电磁铁、电磁离合器等。
（　　）

9．按钮、接近开关、光电开关、行程开关都是保护电器。（　　）

10．熔断器既是保护电器，又是配电电器。（　　）

1.2　主令电器

✓ 知识梳理

1．主令电器的概述

主令电器主要用来接通、分断和切换控制电路，即用它来控制接触器、继电器等电器的线圈得电与失电，从而控制电力拖动系统的启动与停止，以及改变系统的工作状态，如正转与反转等。由于它是一种专门发号施令的电器，故称为主令电器。常用的主令电器有控制按钮、行程开关、转换开关、主令控制器、接近开关、光电开关、霍尔开关等。

2．控制按钮（俗称按钮）

（1）**按钮**是一种用来短时间接通或断开小电流电路的**主令电器**和**手动电器**。一般情况下它不直接控制主电路的通断，而在控制电路中发出手动"指令"去控制接触器、继电器等电器，再由它们去控制主电路，也可用来转换各种信号线路与电气连锁线路等。

（2）**按钮的结构**：一般由按钮帽、复位弹簧、桥式触点、外壳组成，其中桥式触点包括动触点、静触点。按钮的实物与结构示意图如图1.2.1所示。

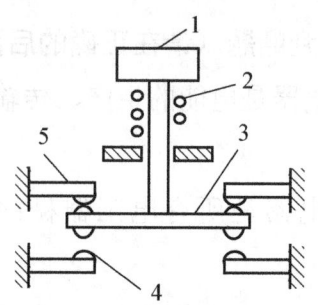

1—按钮帽；2—复位弹簧；3—动触点；

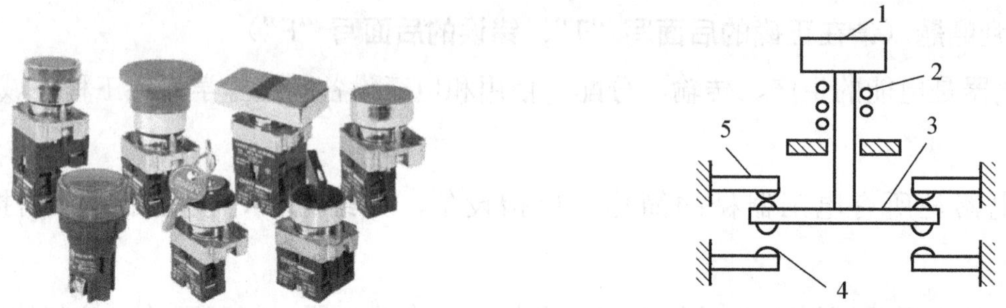

4—动合触点的静触点；5—动断触点的静触点。

（a）实物图　　　　　　　　　　　　　　（b）结构示意图

图 1.2.1　按钮的实物与结构示意图

（3）**按钮的工作原理**：用手去按压按钮帽，当手的压力大于复位弹簧的反作用力时，动触点发生移动使得动断触点先断开，随后动合触点闭合；当撤掉手的压力时，动触点在**复位弹簧**的作用下发生复位，使得动合触点先复位，随后动断触点复位。

说明：

① 未按下按钮时，**动合触点**是断开的，按下时触点闭合接通；当松开后，触点在复位弹簧的作用下复位断开。

② **动断触点**与动合触点相反，未按下按钮时，动断触点是闭合的，按下时触点断开；当松开后，触点在复位弹簧的作用下复位闭合。

③ **复合触点**是将动合与动断触点组合为一体的触点。未按下按钮时，动合触点是断开的，动断触点是闭合的。

（4）**按钮的图形、文字符号**：按钮的文字符号为 **SB**，其图形符号如图 1.2.2 所示。

动合触点　　　　动断触点　　　　复合触点

图 1.2.2　按钮的图形符号

（5）**按钮的型号及含义**。按钮的型号如图 1.2.3 所示。

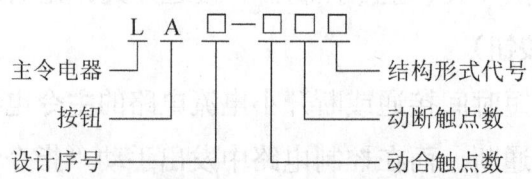

图 1.2.3　按钮的型号

其中结构形式代号的含义如下：

K——开启式，嵌装在操作面板上；

H——保护式，带保护外壳，可防止内部零件受机械损伤或人偶然触及带电部分；

S——防水式，具有密封外壳，可防止雨水浸入；

F——防腐式，能防止腐蚀性气体进入；

J——紧急式，带红色大蘑菇钮头，作紧急切断电源用；

X——旋钮式，用旋钮旋转进行操作，有通和断两个位置；

Y——钥匙操作式，用钥匙插入进行操作，可防止误操作或供专人操作；

D——光标式，按钮内装有信号灯，兼作信号指示。

（6）按钮的选用。

① 根据使用场合和具体的用途选择按钮的种类。

例如：嵌装在操作面板上的按钮可选用开启式；需要显示工作状态的选用光标式；需要防止无关人员误操作的重要场合宜用钥匙操作式；在有腐蚀性气体时要用防腐式。

② 根据工作状态指示和工作情况要求，选择按钮或指示灯的颜色。

例如：一般启动按钮选用绿色；急停按钮应该选用红色；停止按钮选用红色。

③ 根据控制电路的需要选择按钮的触点数量，如单联钮、双联钮和三联钮。

说明：按钮一般用于交流额定电压500V的控制电路中，允许持续电流为5A。

3．行程开关

（1）行程开关（又称限位开关或位置开关）是一种利用生产机械某运动部件的碰撞来发出控制指令的**主令电器**，主要用于控制生产机械的运动方向、速度、行程远近或位置，是一种**自动控制电器**，其实物图如图1.2.4（a）所示。

（2）**行程开关的组成结构**：一般由执行元件（触点系统）、操作机构及外壳组成，其结构示意图如图1.2.4（b）所示。

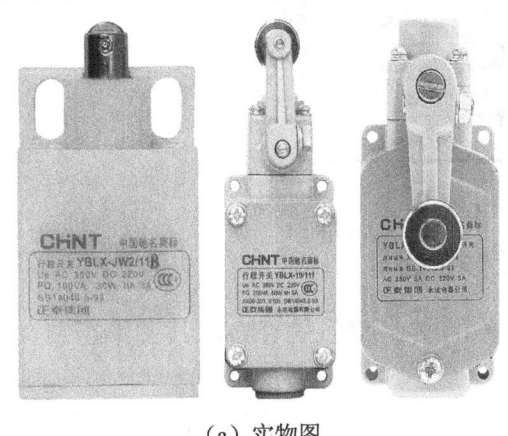

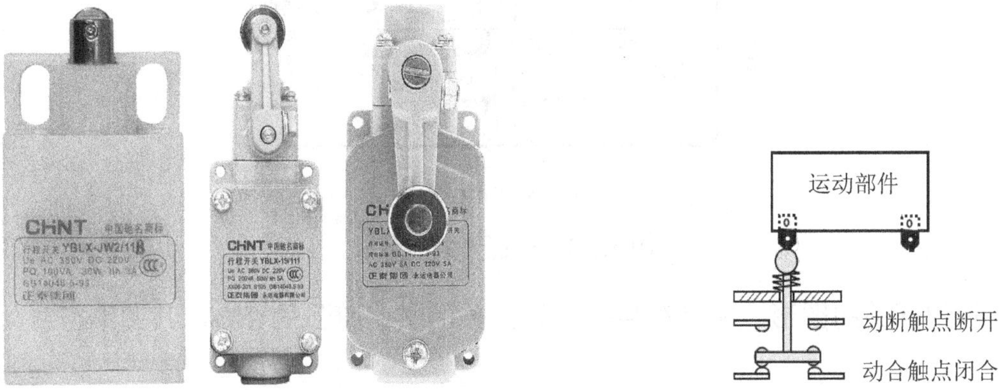

(a) 实物图　　　　　　　　(b) 结构示意图

图1.2.4　行程开关

（3）**行程开关的工作原理**：行程开关在运动部件的碰撞下，动触点运动使得动断触点断开，随后动合触点闭合；当运动部件移出后，动触点在弹簧力的作用下复位，动合触点先断开，随后动断触点闭合。

与按钮的区别在于：按钮是靠人工来操作的，行程开关则由运动部件的碰撞来执行的。

（4）**行程开关按结构**分为直动式（按钮式）、滚动式（旋转式）、微动式等数种，其分类如图 1.2.5 所示。

直动式：直动式行程开关如图 1.2.5（a）所示，其动作原理与按钮相同，但其触点的分合速度取决于生产机械的运行速度，不宜用于速度低于 0.4m/min 的场合。

滚动式：为克服直动式行程开关的缺点，可采用能瞬时动作的滚轮旋转式结构。这种结构的开关通过左右推动滚轮，带动小滑轮在触点推杆上快速移动，从而使动触点迅速地与右边的静触点断开，并与左边的静触点闭合。这样既减少了电弧对触点的烧蚀，也保证了动作的可靠性。滚动式行程开关如图 1.2.5（b）所示。这类行程开关适用于**低速运动的机械**。

微动式：动作灵活且体积小，适合小型机构。微动式行程开关如图 1.2.5（c）所示。

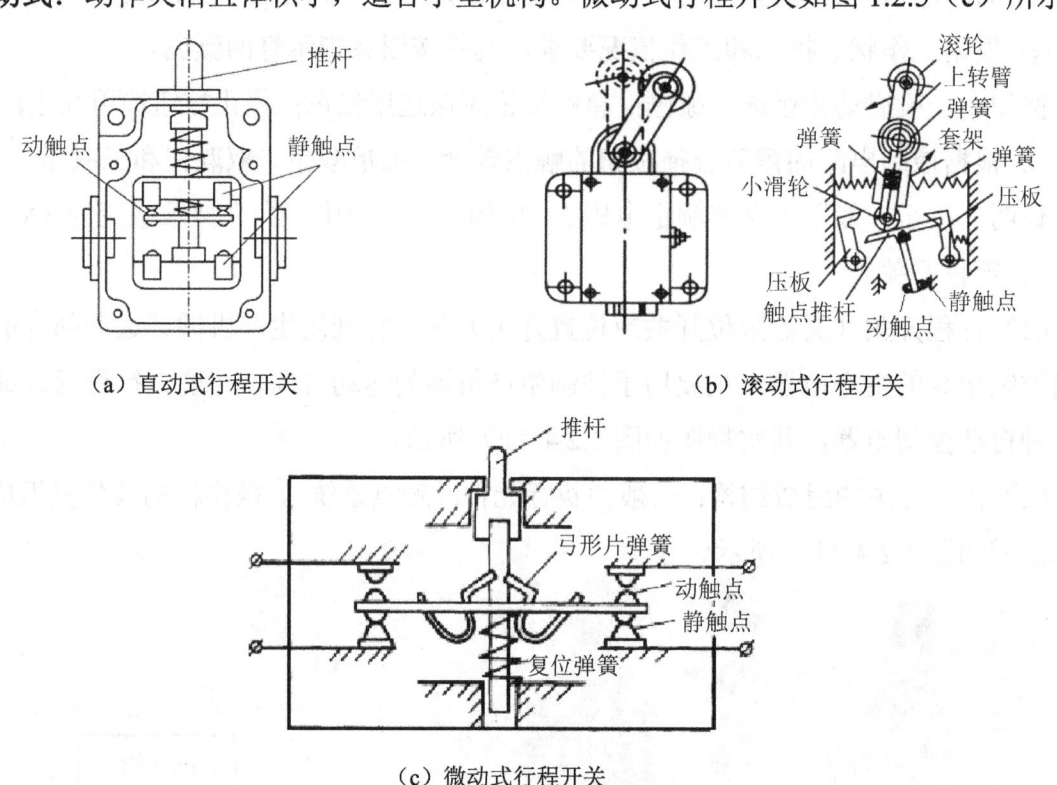

图 1.2.5 行程开关的分类

（5）**行程开关的图形、文字符号**：行程开关的文字符号为 **SQ**，其图形符号如图 1.2.6 所示。

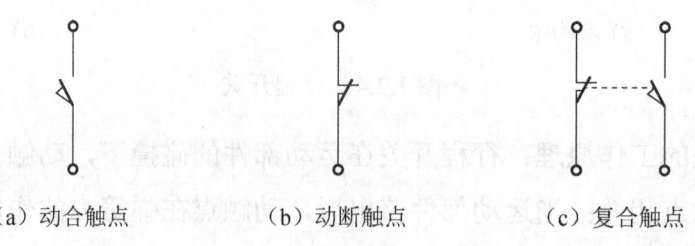

图 1.2.6 行程开关的图形符号

4．其他常用的主令电器

（1）**光电开关**：光电开关是光电接近开关的简称。它是一种无触点电器和非接触式自动控制电器，广泛应用于非电量的检测控制中。光电开关由光发射器、光接收器及转换电路组成。光电开关可分为遮断型和反射型两类。反射型光电开关分为反射镜反射型和被测物体反射型（简称散射型）。

（2）**霍尔开关**：是一种基于霍尔效应原理的无触点电器和非接触式自动控制电器。主要由霍尔元件、稳压电路、施密特触发器 OC 门等电路构成。

（3）光电开关、霍尔开关和接近开关既是无触点位置开关又是一种主令电器。

经典例题解析

【**例 1**】按钮的文字符号是（　　）。

A．SB　　　　　　B．SQ　　　　　　C．QS　　　　　　D．FR

【**答案**】：A

【**解析**】：本题重点考查学生对文字符号的掌握。按钮的文字符号是 SB，故选 A。

【**例 2**】在图 1.2.7 中，哪一个是行程开关动合触点的图形及文字符号。（　　）

图 1.2.7　例 2 图

【**答案**】：D

【**解析**】：本题重点考查学生对行程开关图形及文字符号的理解。A 为热继电器的图形及文字符号；B 为速度继电器的图形及文字符号；C 为时间继电器断电延时动合触点的图形及文字符号；D 为行程开关的动合触点的图形及文字符号。故选 D。

【**例 3**】（2017 全真模拟三）行程开关的种类很多，按结构分有直动式、微动式和_____。

【**答案**】：滚动式

【**解析**】：本题重点考查行程开关的分类。行程开关的种类很多，按结构分有直动式、微动式和滚动式。故答案应填滚动式。

【**例 4**】（2016 高考题）在机床控制中需要检测机械移动位置，除光电开关外，具有非接触检测、响应速度快、需要提供工作电源等特点的位置检测器件是（　　）。

A．舌簧开关　　　　　　　　　　　　B．霍尔开关

C．直动式行程开关　　　　　　　　　D．微动式行程开关

【**答案**】：B

【**解析**】：本题重点考查非接触式主令电器的应用。选项中 A、C、D 都是接触式主令电器。故选 B。

同步练习

一、选择题

1. 主令电器是指用于发送控制指令的电器，如按钮、主令控制器、接近开关、光电开关、（　　）等。

   A. 行程开关　　　B. 接触器　　　C. 熔断器　　　D. 热继电器

2. 下列属于主令电器的是（　　）。

   A. 低压断路器　　B. 熔断器　　　C. 按钮　　　　D. 接触器

3. 按钮型号 LA18 中的 L 表示（　　）。

   A. 接触器　　　　B. 设计序号　　C. 按钮　　　　D. 主令电器

4. 在图 1.2.8 中，哪个图是复合按钮的图形符号。（　　）

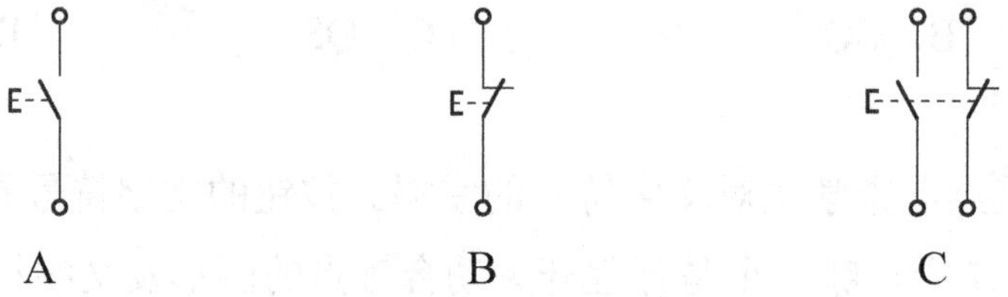

图 1.2.8　选择题 4 图

5. 下列电器中，既是主令电器又是自动电器的是（　　）。

   A. 按钮　　　　　B. 行程开关　　C. 接触器　　　D. 继电器

6. 按钮的文字符号是（　　）。

   A. SB　　　　　　B. SQ　　　　　C. QS　　　　　D. FR

7. 按下复合按钮时，（　　）。

   A. 动合触点先闭合　　　　　　　　B. 动断触点先断开
   C. 动合、动断触点同时动作　　　　D. 无法确定

8. 启动按钮不能选哪种颜色。（　　）

   A. 白色　　　　　B. 黑色　　　　C. 灰色和绿色　　D. 红色

9. 下列哪些类型的按钮不能选择黑色、灰色或白色。（　　）

   A. 启动按钮　　　B. 停止按钮　　C. 急停按钮

10. 按钮的颜色为绿色表示（　　）。

    A. 停车　　　　　B. 启动　　　　C. 紧急停车　　　D. 抑制危险情况

11. 按钮帽上的颜色用于（　　）。

    A. 注意安全　　　B. 引起警惕　　C. 区分功能　　　D. 无意义

12. 行程开关的触点动作是通过（　　）来实现的。

    A. 手指的按压　　　　　　　　　　B. 生产机械某运动部件的碰撞
    C. 光感应　　　　　　　　　　　　D. 以上答案都可以

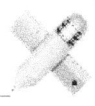

13. 低速运动的机械应该选用（　　）。
    A．直动式行程开关　　　　　　　B．微动式行程开关
    C．滚动式行程开关　　　　　　　D．快速式行程开关
14. 在光电开关、霍尔开关、接近开关中，哪种是非接触式检测装置。（　　）
    A．光电开关是，其他不是　　　　B．霍尔开关是，其他不是
    C．接近开关是，其他不是　　　　D．都是

二、填空题

1. 按钮一般由＿＿＿＿＿、＿＿＿＿＿、＿＿＿＿＿、外壳组成。
2. 常用的主令电器有＿＿＿＿＿、＿＿＿＿＿、转换开关、主令控制器、＿＿＿＿＿、＿＿＿＿＿、＿＿＿＿＿等。
3. 嵌装在操作面板上的按钮可选用＿＿＿＿；需要显示工作状态的选用＿＿＿＿；需要防止无关人员误操作的重要场合宜用＿＿＿＿；在有腐蚀性气体时要用＿＿＿＿。
4. 急停按钮选择＿＿＿＿色。
5. 按钮按用途和结构的不同，分为＿＿＿＿＿、＿＿＿＿＿和＿＿＿＿＿。
6. 按钮一般用于额定交流电压为＿＿＿＿的控制电路中，允许持续电流＿＿＿＿。
7. 行程开关是一种利用生产机械某运动部件的碰撞来发出控制指令的＿＿＿＿＿电器，主要用于控制生产机械的运动＿＿＿＿、＿＿＿＿、行程＿＿＿＿或＿＿＿＿，是一种自动控制电器。
8. 行程开关又称限位开关，一般由＿＿＿＿、＿＿＿＿、＿＿＿＿组成。
9. 行程开关的种类很多，按结构分有＿＿＿＿、＿＿＿＿和＿＿＿＿。
10. 光电开关是一种＿＿＿＿＿电器和＿＿＿＿＿自动控制电器，广泛应用于非电量的检测控制中。
11. 光电开关可分为＿＿＿＿＿型和＿＿＿＿＿型两类。
12. 霍尔开关是一种基于＿＿＿＿＿原理的无触点电器和非接触式自动控制电器。
13. 霍尔开关主要由＿＿＿＿＿、稳压电路、施密特触发器OC门等电路构成。

三、作图题

按下列要求绘出对应的图形符号，并标出文字符号。

＿＿＿＿＿＿＿＿＿＿　　　　＿＿＿＿＿＿＿＿＿＿　　　　＿＿＿＿＿＿＿＿＿＿

　　按钮动合触点　　　　　　　按钮动断触点　　　　　　　按钮复合触点

| 行程开关动合触点 | 行程开关动断触点 | 行程开关复合触点 |

四、简答题

简述按钮与行程开关的区别。

1.3 接触器

知识梳理

1. 接触器的概述

接触器属于控制类电器，是一种适用于远距离频繁接通和分断交、直流主电路和大容量控制电路，实现远距离自动控制，并具有欠电压、零电压释放保护功能的电器。其主要控制对象是电动机，也可用于其他电力负载，如电热器、电焊机等。

2. 接触器的组成结构

接触器主要由电磁系统（电磁机构）、触头系统（触点系统）、灭弧装置、辅助部件（释放弹簧、触点弹簧、触点压力弹簧、支架及底座）四部分构成。接触器的结构示意图如图 1.3.1 所示。

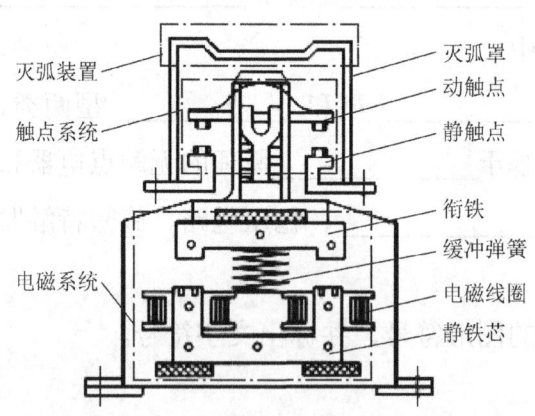

图 1.3.1 接触器的结构示意图

（1）电磁系统（电磁机构）。

① 组成结构：电磁线圈（吸引线圈）、衔铁（动铁芯）、静铁芯。

② 分类：拍合式电磁系统如图 1.3.2（a）、（b）所示；直动式电磁系统如图 1.3.2（c）所示。

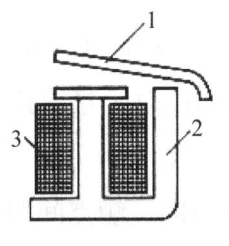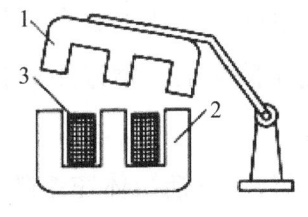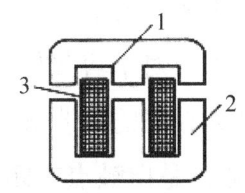

（a）拍合式电磁系统　　　　（b）拍合式电磁系统　　　　（c）直动式电磁系统

1—衔铁（动铁芯）；2—静铁芯；3—电磁线圈（吸引线圈）。

图 1.3.2　电磁系统种类

③ 原理：电磁线圈通电后，电磁吸力大于弹性力，使衔铁闭合；电磁线圈断电，电磁吸力为零，衔铁在弹性力作用下复位。

④ 铁芯材料：当线圈通以直流时，铁芯材料选择电工软铁；当线圈通以交流时，铁芯材料选择 0.5mm 的硅钢片。目的是减少铁损，即涡流损耗与磁滞损耗。

交流铁芯端面嵌铜短路环的目的是克服交流颤抖声。短路环工作原理如图 1.3.3 所示，加装短路环后，当线圈通以交流电时，线圈电流 I_1 产生磁通 Φ_1，Φ_1 的一部分穿过短路环，环中感应出电流 I_2，I_2 又会产生一个磁通 Φ_2，两个磁通的相位不同，即 Φ_1、Φ_2 不同时为零，这样就保证了铁芯与衔铁在任何时刻都有吸力，衔铁将始终被吸住，由此就解决了振动的问题。

（2）**触点系统**（执行机构）包括用于接通、切断主电路的主触点和用于控制电路的辅助触点。

① 作用：是通过触点的开闭来通断电路的。

② 触点按原始状态可分为：动合触点和动断触点。

③ 结构。触点形式如图 1.3.4 所示。

桥式结构：一般有点接触和面接触两种。

指式结构：一般是线接触，滚动摩擦，适用于大电流。

④ 触点材料：桥式结构的触点材料一般为银铜合金；指式结构的触点材料一般为黄铜。

⑤ 触点的动作顺序。

启动：动断触点先断开，动合触点再闭合；复位：动合触点先断开，动断触点再闭合。

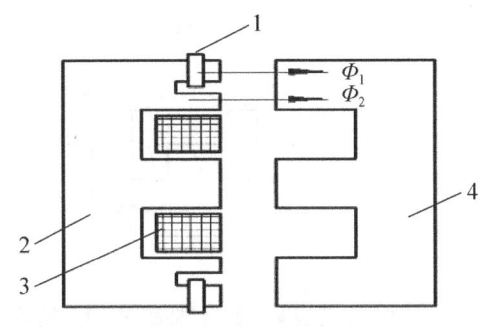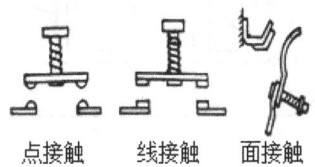

1—短路环；2—铁芯；3—线圈；4—衔铁。

图 1.3.3　短路环工作原理　　　　图 1.3.4　触点形式

（3）**灭弧装置**用于迅速切断主触点断开时产生的电弧（一个很大的电流），以免使主触点烧毛、熔焊。对于容量较大的**交流接触器**，常采用**灭弧栅灭弧**；对于**直流接触器**，一般采用灭弧能力较强的**磁吹灭弧装置**。

① 电弧：是指触点在闭合和断开（包括熔体在熔断时）的瞬间，触点间距离极小，电场强度较大，触点间产生大量的带电粒子，形成炽热的电子流，产生弧光放电现象。

② 用途：用于熄灭触点分断负载电流时产生的电弧。

③ 电弧种类：交流电弧和直流电弧。交流电弧存在交流过零点，电弧易熄灭。

④ 常用的灭弧装置：灭弧罩、灭弧栅和磁吹灭弧装置。

3．工作原理

接触器的工作原理图如图 1.3.5 所示。当电磁线圈通电后，线圈电流产生磁场，使静铁芯产生吸力吸引衔铁，并带动触点动作，动断触点断开，动合触点闭合，两者是联动的。当电磁线圈断电时，电磁吸力消失，衔铁在弹簧的作用下释放，使触点复位，动合触点断开，动断触点闭合。

4．接触器的分类

接触器按其主触点所控制主电路电流的种类可分为交流接触器和直流接触器。

交流接触器线圈通以交流电，主触点接通，断开的是交流主电路。当交变磁通穿过铁芯时将产生涡流和磁滞损耗，使铁芯发热。为了减少损耗，铁芯用硅钢片冲压而成。为了便于散热，线圈做成短而粗的圆筒形绕在骨架上。

直流接触器线圈通以直流电，主触点接通，断开的是直流主电路。由于线圈通的是直流电，铁芯中不会产生涡流和磁滞损耗，故铁芯不会发热。铁芯用整块电工软钢制成。为便于线圈散热，一般将线圈制成高而薄的圆筒状。对于 250A 以上的直流接触器往往采用串联双绕组线圈，如图 1.3.6 所示。

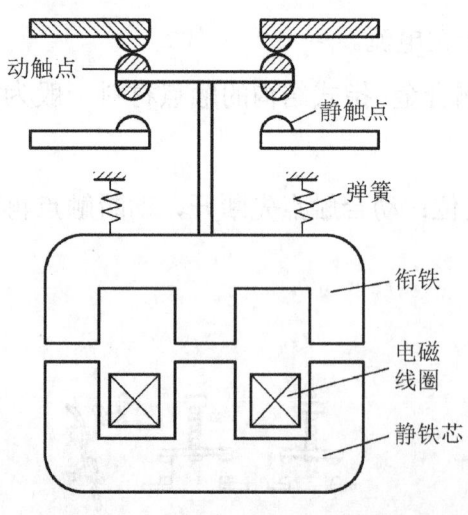

图 1.3.5　接触器的工作原理图

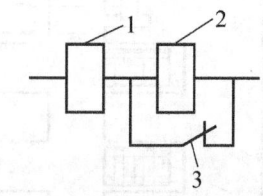

1—启动线圈；2—保持线圈；3—辅助动断触点。

图 1.3.6　串联双绕组线圈

5. 图形符号及文字符号

接触器的文字符号为 **KM**，其图形符号如图 1.3.7 所示。

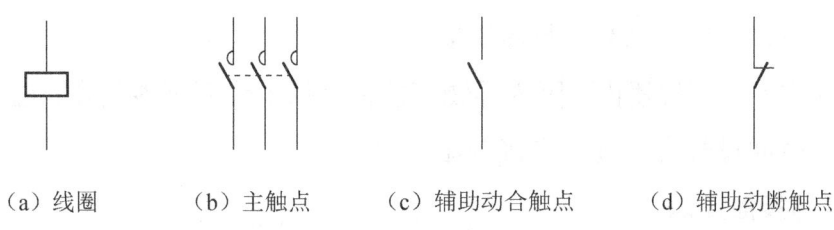

(a) 线圈　　　(b) 主触点　　　(c) 辅助动合触点　　　(d) 辅助动断触点

图 1.3.7　接触器的图形符号

6. 交流接触器的型号与含义

交流接触器的型号与含义如图 1.3.8 所示。

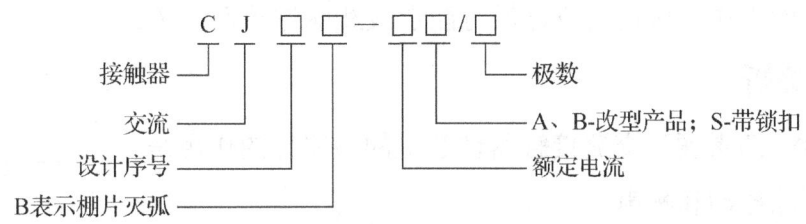

图 1.3.8　交流接触器的型号与含义

7. 使用交流接触器应注意以下几个问题

（1）**主触点的额定电压**：应大于或等于控制电路的额定电压。

（2）**主触点的额定电流**。

① **电阻性负载**：应等于负载的额定电流。

② **电感性负载（电动机）**：应大于电动机的额定电流。

主触点的电流按以下公式计算

$$I_C = \frac{P_N \times 10^3}{K U_N}$$

式中　K——经验系数，一般取 1～1.4；

　　　P_N——被控电动机的额定功率（kW）；

　　　U_N——被控电动机的额定电压（V）；

　　　I_C——接触器主触点的电流（A）。

说明：接触器若使用在频繁启动、制动及正反转的场合，则应将接触器主触点的额定电流降低一个等级。

（3）**线圈电压的选用**。当控制电路中电气元件数量少于 5 个时，可直接选用额定电压为 380V 或 220V 的线圈；当数量超过 5 个时，从人身安全和设备安全角度考虑，可以选用 36V 或 110V 的线圈。

（4）当接触器工作条件恶劣时（如电动机频繁正反转），接触器主触点的额定电流应选大一个等级。

（5）由于交流接触器线圈刚通电时铁芯未吸合，磁路气隙较大，线圈感抗小，所以启动时线圈电流很大。铁芯吸合后，气隙几乎消失，感抗增大，所以吸持电流很小。当接触器动作频率过高时，线圈会因为过热而烧坏。

（6）避免异物落入接触器内，因为异物可能使衔铁卡住而不能闭合，磁路留有气隙时，线圈电流很大，时间过长会因过热将接触器烧毁。

8．接触器的其他知识

（1）常用的 CJ10-10 型交流接触器的工作电压范围为 85%～105%。

以线圈电压 380V 的 CJ10-10 型交流接触器为例，选择万用表 2k 电阻挡，测得交流接触器线圈正常阻值为 1.9kΩ。

（2）接触器的工作电压过高或过低可能造成线圈过热而烧坏。

经典例题解析

【例 1】（2016 高考题）交流接触器铁芯上的短路环的作用是_____。

【答案】：消除振动和噪声

【解析】：本题主要考查学生对交流接触器组成结构的了解。交流接触器铁芯上的短路环的作用是消除振动和噪声。

【例 2】（2017 高考题）交流接触器的触点系统包括主触点和_____，用来接通和分断交流主电路和控制电路。

【答案】：辅助触点

【解析】：本题主要考查学生对交流接触器组成结构的了解。交流接触器的触点系统包括主触点和辅助触点，用来接通和分断交流主电路和控制电路。

【例 3】（2013 高考题）将线圈额定电压为 220V 的直流接触器应用于 220V 交流电路中，以下说法错误的是（　　）。

A．线圈会过热或烧毁　　　　　　　　B．会发出嗡嗡的声音

C．吸合力降低　　　　　　　　　　　D．触点电流容量降低

【答案】：D

【解析】：本题主要考查学生对接触器的故障判断分析能力。题意中是说直流线圈接入到交流电源上，从 A、B、C、D 四个选项中，可以看出 A、B、C 三个都与题意有关，而 D 项说的是触点与题意毫无关系。故选 D。

【例 4】（2016 高考题）对于交流接触器铁芯磁路及线圈电流在吸合前后的变化，以下说法正确的是（　　）。

A．吸合前磁阻小、电流大，吸合后磁阻变大、电流变小

B．吸合前磁阻大、电流小，吸合后磁阻变小、电流变大

C．吸合前磁阻小、电流小，吸合后磁阻变大、电流变大

D．吸合前磁阻大、电流大，吸合后磁阻变小、电流变小

【答案】：D

【解析】：本题主要考查接触器在工作过程中铁芯上磁阻与线圈中电流的变化情况。交流接触器在吸合前，静铁芯与衔铁之间有气隙，故磁阻大，启动电流大；吸合后，静铁芯与衔铁之间的气隙变小，故磁阻小，稳定电流小。故选 D。

【例 5】（2018 三轮联考试卷）交流接触器是利用（　　）配合动作的一种自动控制电器。

A．电动力与弹簧力　　　　　　　　B．外施压力与弹簧力

C．电磁力与弹簧力　　　　　　　　D．电磁力与空气阻力

【答案】：C

【解析】：本题主要考查接触器的组成结构与工作原理。接触器在线圈得电时，会产生电磁力使衔铁动作，从而带动触点动作；当线圈失电时，所有触点在弹簧力的作用下复位。故选 D。

同步练习

一、选择题

1．交流接触器中短路环的作用是（　　）。

　　A．短路保护　　　B．消除铁芯振动　　C．增大铁芯磁通　　D．减少铁芯磁通

2．电磁系统的作用是将（　　），从而动触点动作。

　　A．电磁能转换成机械能　　　　　　B．机械能转换成电能

　　C．电能转换成磁能　　　　　　　　D．磁能转换成电能

3．接触器的执行元件是（　　）。

　　A．线圈　　　　　B．触点　　　　　C．静铁芯　　　　D．衔铁

4．接触器的结构中，用于接通或断开被控制电路的是（　　）。

　　A．触点系统　　　B．电磁系统　　　C．灭弧装置

5．接触器的触点在线圈得电时的动作顺序为（　　）。

　　A．动合触点和动断触点同时动作

　　B．动合触点和动断触点没有先后之分

　　C．动合触点先闭合，动断触点再断开

　　D．动断触点先断开，动合触点再闭合

6．交流接触器的（　　）发热是主要的。

　　A．线圈　　　　　B．铁芯　　　　　C．触点　　　　　D．短路环

7．交流接触器的型号中的第一位是字母（　　）。

　　A．C　　　　　　B．H　　　　　　C．Z　　　　　　D．L

8. 交流接触器为了便于散热，常将线圈做成（　　）绕在骨架上。

　　A．短而粗的圆筒形　　　　　　B．高而薄的圆筒形

　　C．短而细的圆筒形　　　　　　D．高而厚的圆筒形

9. 直流接触器为了便于散热，常将线圈做成（　　）绕在骨架上。

　　A．短而粗的圆筒形　　　　　　B．高而薄的圆筒形

　　C．短而细的圆筒形　　　　　　D．高而厚的圆筒形

10. 交流接触器的文字符号是（　　）。

　　A．KS　　　　B．KT　　　　C．KM　　　　D．KA

11. 在图1.3.9中，哪个图形符号是接触器的辅助动合触点。（　　）

图 1.3.9　选择题 11 图

12. 接触器的释放是靠（　　）实现的。

　　A．弹簧力　　　　B．电磁力　　　　C．吸引力　　　　D．摩擦力

13. 交流接触器铭牌上的额定电流是指（　　）。

　　A．主触点的额定电流　　　　　　B．主触点控制用电设备的工作电流

　　C．辅助触点的额定电流　　　　　D．负载短路时通过主触点的电流

14. 接触器的辅助触点一般由两对动合触点和动断触点组成，用于通断（　　）。

　　A．电流较小的控制电路　　　　　B．电流较大的主电路

　　C．控制电路和主电路　　　　　　D．可以随意用

15. 交流接触器的衔铁在吸合过程中，交流励磁线圈内电流的变化是（　　）。

　　A．由大到小　　B．由小到大　　C．恒定不变　　D．以上都不对

16. 一台额定电压为220V的交流接触器接在220V的直流电源上（　　）。

　　A．会烧坏铁芯　　B．仍可以正常工作　　C．会烧坏线圈　　D．会烧坏短路环

17. CJ20-160型交流接触器在380V时的额定电流是（　　）。

　　A．160A　　　　B．20A　　　　C．100A　　　　D．80A

18. 以线圈电压380V的CJ10-10型交流接触器为例，选择万用表2k电阻挡，测得线圈的阻值为（　　）。

　　A．190Ω　　　　B．0.9kΩ　　　　C．1.9kΩ　　　　D．1.9Ω

二、填空题

1. 接触器属于控制类电器，是一种适用于远距离频繁接通和分断交、直流_____电路和大容量_____电路，实现远距离自动控制，并具有_____、_____保

护功能的电器。

2．接触器由_____、_____、_____、辅助部件四部分构成。

3．接触器的电磁系统（电磁机构）由_____、_____、_____三个部分构成。

4．接触器的触点系统（执行机构）包括用于接通、切断主电路的_____和用于控制电路的_____。

5．触点按其原始状态可分为_____和_____。

6．常用的灭弧装置有_____、_____、_____。

7．接触器按其主触点所控制主电路电流的种类分为_____和_____。

8．接触器的工作电压过高或过低可能造成_____烧坏。

9．在交流接触器的选用中，主触点的额定电压_____控制电路的额定电压。

10．对于250V以上的直流接触器往往采用_____线圈。

11．直流接触器灭弧较困难，一般采用灭弧能力较强的_____。

12．选择接触器时应从其工作条件出发，控制交流负载应选用_____；控制直流负载则选用_____。

13．当接触器线圈得电时，使接触器_____闭合，_____断开。

14．交流接触器的铁芯一般用硅钢片叠压铆成，其目的是_____。

15．CJ10系列的交流接触器的衔铁运动方式有两种，对于额定电流40A及以下的接触器，采用衔铁直线运动的_____；对于额定电流为60A及以上的接触器，采用衔铁绕轴转动的_____。

1.4 电磁式继电器

知识梳理

1．继电器的概述

继电器是根据某种输入信号接通或断开小电流控制电路，实现远距离自动控制和保护的自动控制电器。

2．继电器的分类

（1）**按输入信号的性质可分为**：电压继电器、电流继电器、时间继电器、温度继电器、速度继电器、压力继电器等。

（2）**按工作原理可分为**：电磁式继电器、感应式继电器、电动式继电器、热继电器和电子式继电器等。

（3）**按其用途可分为**：控制继电器、保护继电器、中间继电器。

(4) 按动作时间可分为：瞬时继电器、延时继电器。

(5) 按输出形式可分为：有触点继电器、无触点继电器。

3．电磁式继电器

1) 概述

电磁式继电器的结构及工作原理与接触器类似，也是由**电磁系统**和**触点系统**等组成，但是既没有**灭弧**装置也没有**主辅触点**之分。电磁式继电器整定过程中的吸合电流和释放电流可以通过调整弹簧的松紧程度或改变非磁性垫片的厚度来调节。电磁式继电器的结构图如图 1.4.1 所示。

电磁式继电器有直流和交流两类，常用的电磁式继电器有电流继电器、电压继电器和中间继电器。

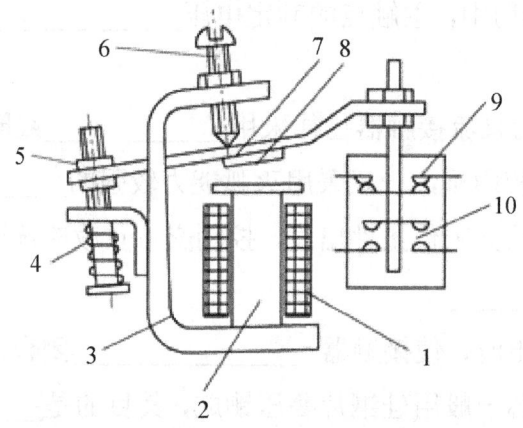

1—线圈；2—铁芯；3—铁轭；4—弹簧；5—调节螺母；6—调节螺钉；
7—衔铁；8—非磁性垫片；9—动断触点；10—动合触点。

图 1.4.1 电磁式继电器的结构图

2) 电流继电器

电流继电器的线圈与被测电路串联，以反映电路电流的变化，其线圈具有匝数少、导线粗、阻抗小的特点。

电流继电器有欠电流继电器和过电流继电器。欠电流继电器的吸合电流为线圈额定电流的 30%～65%，释放电流为额定电流的 10%～20%，用于欠电流保护或控制。在正常工作时，衔铁是吸合的，只有当电流降低到某一整定值时，继电器才释放输出信号。过电流继电器在电路正常工作时不动作，当电流超过某一整定值时才动作，整定范围为 1.1～4.0 倍的额定电流。

3) 电压继电器

电压继电器的线圈与被测电路并联，以反映电路电压的变化，其线圈具有匝数多、导线细、阻抗大的特点。根据动作电压值的不同，分为过电压、欠电压、零电压继电器，它们分别用作过电压、欠电压和零电压保护。

4)中间继电器

中间继电器实质上是一种电压继电器,具有触点多、触点容量较大、动作灵敏度高的特点。其主要用途为:当其他继电器的触点对数或容量不够时,可借助中间继电器来扩展它们的触点数和触点容量,起到信号中继的作用。

5)中间继电器的图形、文字符号

中间继电器的文字符号为 KA,其图形符号如图 1.4.2 所示。

图 1.4.2　中间继电器的图形符号

经典例题解析

【例 1】(嘉兴市 2013 年高等职业技术教育招生第一次模拟考试) 把线圈额定电压为 AC24V 的中间继电器线圈误接入 DC24V 的电源上会发生的问题是_____。(　　)

A．中间继电器正常工作　　　　　　B．中间继电器产生振动

C．烧毁线圈　　　　　　　　　　　　D．烧毁触点

【答案】:C

【解析】:本题主要考查学生对继电器的故障判断分析能力。题意是把交流线圈接入直流电源上。而交流线圈在交流电源作用下会产生感抗,来限制电流;若把交流线圈接入直流电源上,则不会产生感抗,所以线圈中的电流会较大,从而可能会烧毁线圈。故选 C。

【例 2】(2014 模拟卷)中间继电器的文字符号是(　　)。

A．QF　　　　B．KT　　　　C．KM　　　　D．KA

【答案】:D

【解析】:本题主要考查继电器的文字符号。四个选项中 A 为低压断路器的文字符号;B 为时间继电器的文字符号;C 为接触器的文字符号;D 为中间继电器的文字符号。故选 D。

【例 3】(2017 年嘉兴市高职考第一次模拟考试)欠电流继电器的释放电流为额定电流的(　　)。

A．0.8～0.9 倍　　B．0.7～0.6 倍　　C．0.3～0.65 倍　　D．0.1～0.2 倍

【答案】:D

【解析】:本题主要考查欠电流继电器的工作原理。欠电流继电器的吸引电流为线圈额定电流的 30%～65%,释放电流为额定电流的 10%～20%。故选 D。

【例 4】(嘉兴市 2013 年高等职业技术教育招生第一次模拟考试)过电流继电器安装时,需将线圈_____在主电路中,过电压继电器安装时,需将线圈_____在主电路中。

【答案】：串联 交联

【解析】：本题考查继电器的安装。一般电流继电器的线圈串联在主电路中，电压继电器的线圈并联在主电路中。故答案为串联，交联。

同步练习

一、选择题

1. 继电器的文字符号用（ ）表示。
   A．KM   B．KS   C．KA   D．KT

2. 下列选项中不是继电器组成结构的是（ ）。
   A．灭弧装置   B．触点系统   C．电磁系统

3. 电压继电器的线圈具有（ ）的特点。
   A．匝数多、导线粗、阻抗小   B．匝数多、导线细、阻抗大
   C．匝数少、导线粗、阻抗小   D．匝数少、导线细、阻抗大

4. 电磁式交流接触器和继电器的区别是（ ）。
   A．接触器有短路环，而继电器没有
   B．继电器有主、辅助触点之分，而接触器没有
   C．接触器没有灭弧装置，而继电器有
   D．没有区别

5. 下列关于电流继电器的说法中，错误的是（ ）。
   A．电流继电器的线圈与被测电路串联，反映的是电路的电流变化
   B．欠电流继电器在正常工作时，衔铁是吸合的
   C．过电流继电器在正常工作时，衔铁不动作
   D．电流继电器的线圈具有匝数多、导线细、阻抗大的特点

6. 中间继电器在控制电路中的作用是（ ）。
   A．短路保护   B．信号传递   C．过载保护   D．过电压保护

7. 电磁式继电器的吸合电流和释放电流可以根据保护要求在一定范围内调整，下列说法正确的是（ ）。
   A．调整弹簧的松紧程度   B．改变非磁性垫片的厚度
   C．A与B两个答案都是对的   D．A与B两个答案都不对

8. 当线圈通过的电流为额定值时，过电流继电器的衔铁（ ）。
   A．动作   B．不动作   C．不确定   D．A和B两者皆可

9. 把线圈额定电压为220V的中间继电器误接入380V的交流电源上会发生的问题是（ ）。
   A．中间继电器正常工作   B．中间继电器产生强烈振动

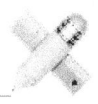

C．烧毁线圈　　　　　　　　　　D．烧毁触点

10．过电流继电器的吸合电流为____倍的额定电流。（　　）

A．1.1～4　　　B．0.9～1.2　　　C．0.3～0.65　　　D．0.1～0.2

11．当通过继电器的电流超过预定值时才动作的继电器称为（　　）。

A．欠电压继电器　　B．过电压继电器　　C．过电流继电器　　D．欠电流继电器

12．零电压继电器是____的一种特殊形式。（　　）

A．欠电压继电器　　B．过电压继电器　　C．过电流继电器　　D．欠电流继电器

13．在电磁系统中，吸引线圈的作用是（　　）。

A．将电能转化成磁场能　　　　　B．将磁场能转化成电能

C．将电磁能转换成机械能

14．在电动机继电器、接触器控制电路中，零（失）电压保护的功能是（　　）。

A．防止停电后再恢复送电时电动机自行启动

B．实现短路保护

C．防止电源电压太低烧坏电动机

D．电网停电后即自行报警

二、填空题

1．继电器是根据某种输入信号接通或断开_____控制电路，实现远距离自动控制和保护的自动控制电器。

2．继电器按输入信号的性质可分为：_____、_____、_____、温度继电器、速度继电器、压力继电器等。

3．常用的电磁式继电器有电流继电器、_____、_____。

4．电流继电器的线圈与被测电路_____联，以反映电路电流的变化，其线圈具有_____特点。

5．欠电流继电器在正常工作时，衔铁_____；过电流继电器在正常工作时，衔铁_____。

6．中间继电器实质上是一种电压继电器，因其触点对数多，触点容量较大，故常用来起_____作用。

7．继电器是一种根据_____信号的变化，来接通或分断_____电流电路，实现自动控制和保护电力拖动装置的电器。

8．欠电流继电器在正常工作电流流过线圈时，衔铁_____，而当流过线圈的电流小于整定电流时衔铁_____。

9．电磁式继电器反映的是电信号，当线圈反映电压信号时，为_____继电器；当线圈反映电流信号时，为_____继电器。

10．电压继电器线圈_____接在电路上，用于反映电路电压的大小。

11. 电流继电器线圈_____接在电路中，用于反映电路电流的大小。

12. 与交流接触器相比，中间继电器的触点对数_____，且没有_____之分。

1.5 时间继电器、热继电器和速度继电器

知识梳理

1. 时间继电器

时间继电器是一种利用电磁原理或机械动作原理来延迟触点闭合或分断的自动控制电器。

1）分类

按工作原理可分为电磁式、空气阻尼式和电子式等；按延时方式可分为通电延时型和断电延时型两种。

说明：空气阻尼式时间继电器可以做成通电延时型，也可做成断电延时型，两者是可以互换的，只要电磁系统反转180°即可。

2）时间继电器的图形、文字符号

时间继电器的文字符号为KT，其图形符号如图1.5.1所示。

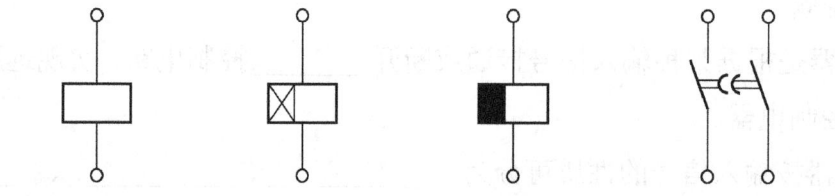

（a）线圈一般符号　（b）通电延时线圈　（c）断电延时线圈　（d）延时闭合动合触点

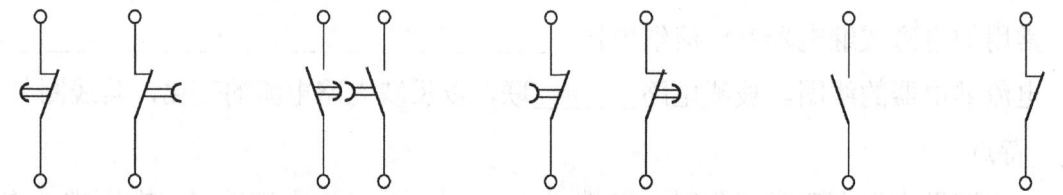

（e）延时断开动断触点　（f）延时断开动合触点　（g）延时闭合动断触点　（h）瞬时动合触点　（i）瞬时动断触点

图1.5.1　时间继电器的图形符号

3）直流电磁式时间继电器

在直流电磁式电压继电器的铁芯上增加一个阻尼铜套，即可构成电磁阻尼式时间继电器。

当线圈通电时，由于衔铁处于释放位置、气隙大、磁阻大、磁通小、铜套阻尼作用相对也小，因此衔铁吸合时延时不显著。而当线圈断电时，磁通变化量大，铜套阻尼作用也大，使衔铁延时释放而起到延时作用。因此，这类时间继电器只能用作断电延时。

直流电磁式时间继电器的优点是结构简单、可靠性高且寿命长；其缺点是仅能获得断电延时，延时精度低且延时时间短，最长不超过5s。一般只用于延时精度不高的场合。

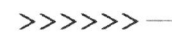

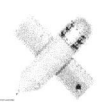

4）空气阻尼式时间继电器

空气阻尼式时间继电器是利用空气阻尼原理获得延时。它由电磁系统、延时机构和触点系统三部分组成。

延时时间可以通过调节进气孔气隙大小来改变。

空气阻尼式时间继电器的特点是结构简单、延时范围大、寿命长、价格低廉且不受电源电压及频率波动的影响，但延时误差大，无调节刻度指示，常用于延时精度要求不高的交流控制电路中。

5）电子式时间继电器

具有体积小、延时范围大、延时精度高和寿命长等优点。

电子式时间继电器的输出形式有两种：有触点式和无触点式，前者是用晶体管驱动小型电磁式继电器，后者是采用晶体管或晶闸管输出。

2．热继电器

（1）**热继电器**是利用流过继电器的电流所产生的热效应而反时限动作的自动保护电器，一般用作电动机的长期过载保护。因热继电器的热惯性较大，所以不能用作短路保护。

（2）结构。

热继电器由热元件、双金属片和触点组成。双金属片是热继电器的感测元件，它由两种不同膨胀系数的金属用机械碾压而成。使用时需要将**热元件**串联在主电路中，**动断触点**串联在控制电路中，复位机构有手动和自动两种形式。

（3）工作原理。

热继电器的工作原理示意图如图 1.5.2 所示。图中热元件是一段电阻不大的电阻丝，接在电动机的主电路中。双金属片是感测元件，它由两种受热后有不同热膨胀系数的金属碾压而成，其中下层金属的热膨胀系数大，称主动层，上层金属的热膨胀系数小，称被动层。

当电动机过载时，流过热元件的电流增大，热元件产生的热量使双金属片中的下层金属的膨胀速度大于上层金属的膨胀速度，从而使双金属片向上弯曲。经过一定时间后，弯曲位移增大，使双金属片与扣扳分离（脱扣）。扣扳在弹簧的拉力作用下，将动断触点断开，切断电动机的控制电路，从而起到保护的作用。

（4）作用。过载保护、断相保护、电流不平衡运行的保护。

（5）图形符号及文字符号。

热继电器的文字符号为 FR，其图形符号如图 1.5.3 所示。

（6）热继电器整定电流的设定。

热继电器的整定电流是指热继电器连续工作而不动作的最大电流。其大小可通过旋转电流整定旋钮来调节。超过整定电流，热继电器将在负载未达到其允许的过载极限之前运作。整定电流一般为电动机额定电流的 0.95～1.05 倍。

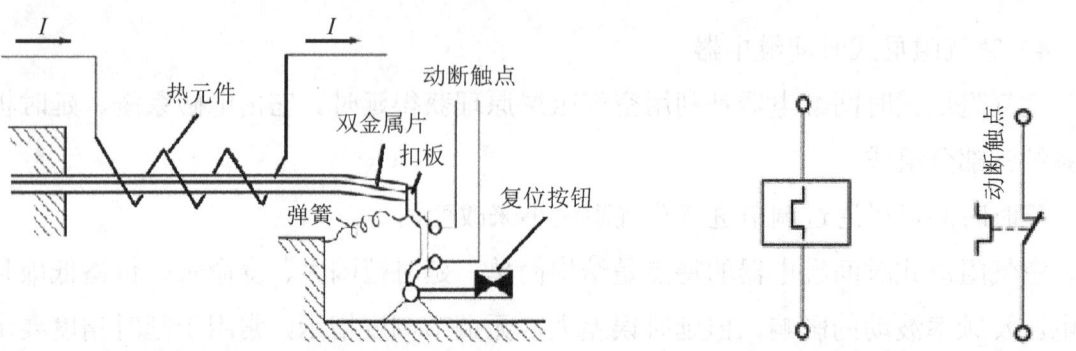

图 1.5.2 热继电器的工作原理示意图　　图 1.5.3 热继电器的图形符号

（7）热继电器的选用。

主要根据电动机的使用场合和额定电流来确定热继电器的型号及热元件的额定电流等级。对于三角形连接的电动机，应该选择**带断相保护功能**的热继电器，热继电器的**整定电流**应与电动机的**额定电流相等**。

3．速度继电器

1）速度继电器概述

速度继电器主要用作鼠笼式异步电动机的反接制动，又称为**反接制动继电器**，是反映转速和转向的继电器，其主要作用是以旋转速度的快慢为指令信号，与接触器配合实现对电动机的反接制动控制。

2）速度继电器组成结构

速度继电器主要由定子、转子、触点组成。其中转子材料为永久磁铁。定子材料为硅钢片。触点有两组，一组在转子正转时动作，另一组在反转时动作。

3）速度继电器的图形、文字符号

速度继电器的文字符号为 KS，其图形符号如图 1.5.4 所示。

（a）转子　　　　（b）动合触点　　　　（c）动断触点

图 1.5.4 速度继电器的图形符号

4）速度继电器的安装

速度继电器的动作转速一般为 120r/min，复位转速在 100r/min 以下。JY1 型速度继电器能在 3000r/min 以下可靠工作。

安装速度继电器时的注意事项。

（1）速度继电器的转轴应与电动机转接，且使两轴的中心线重合。

（2）速度继电器安装接线时，应注意正、反向触点不能接错。

（3）外壳可靠接地。

经典例题解析

【例 1】（2011 高考题）如图 1.5.5 所示，时间继电器通电延时线圈的图形及文字符号是（　　）。

图 1.5.5　例 1 图

【答案】：C

【解析】：本题主要考查学生对时间继电器图形及文字符号的理解。A 项为一般时间继电器线圈的图形及文字符号；B 项为时间继电器断电延时线圈的图形及文字符号；C 项为时间继电器线圈通电延时线圈的图形及文字符号；目前没有 D 项的图形及文字符号。故选 C。

【例 2】（2017 全真模拟三）（2013 年高考）时间继电器按其动作原理可分为电磁式、_____和电子式时间继电器。

【答案】：空气阻尼式

【解析】：本题主要考查学生对时间继电器按工作原理分类的掌握程度。时间继电器按工作原理可分为电磁式、空气阻尼式和电子式时间继电器。

【例 3】（2015 高考题）如图 1.5.6 所示，哪一种是速度继电器动合触点的符号。（　　）

图 1.5.6　例 3 图

【答案】：B

【解析】：本题主要考查学生对速度继电器的图形符号与文字符号的理解。A 项为热继电器动断触点的图形及文字符号；B 项为速度继电器动合触点的图形及文字符号；C 项为时间继电器延时闭合动合触点的图形及文字符号；D 项为行程开关动合触点的图形及文字符号。故选 B。

【例 4】（2018 电子电工综合冲刺卷二）速度继电器常用以接收转速信号，当电动机的转子转速上升到_____r/min 以上触点动作；下降到_____r/min 以下触点复位。

【答案】：120　100

【解析】：本题考查的是速度继电器的工作原理。速度继电器在工作过程中的动作转速一般为 120r/min，复位转速在 100r/min 以下。

【例 5】（2018 电子电工综合冲刺卷四）由于热惯性的原因，热继电器不能作_____保护。

【答案】：短路

【解析】：本题主要考查学生对热继电器工作原理的理解。热继电器的热元件串联在主电路中，感测的是电路中的电流量。由于热元件是采用热膨胀系数不同的双金属片碾压而成的，在保护过程中有一个热惯性，故在电路中不能用作短路保护。故答案应该填短路。

同步练习

一、选择题

1. 若将空气阻尼式时间继电器由通电延时型改为断电延时型，则需要将（　　）。

  A．电磁系统反转 180°   B．延时触点反转 180°

  C．电磁线圈两端反接   D．活塞反转 180°

2. 时间继电器的文字符号用（　　）表示。

  A．KM   B．KS   C．KA   D．KT

3. 直流电磁式时间继电器只能用作（　　）。

  A．断电延时   B．通电延时   C．瞬时动作   D．以上答案都可以

4. 在图 1.5.7 中，哪一种是时间继电器的通电延时闭合，断电瞬时复位动合触点的图形符号。（　　）

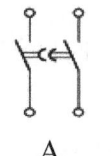   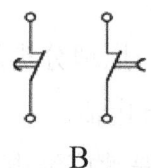   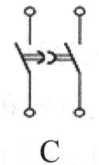 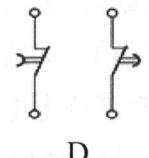

  A   B   C   D

图 1.5.7　选择题 4 图

5. 如图 1.5.8 所示，按下按钮 S 后，能实现延时后灯亮的电路是（　　）。

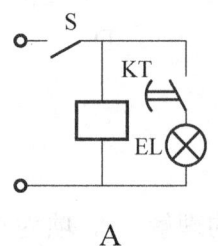   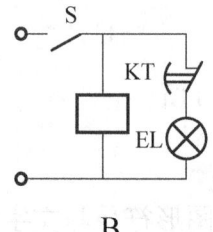   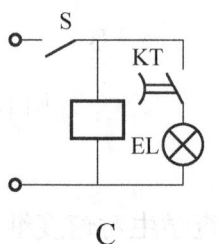 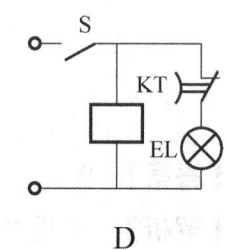

  A   B   C   D

图 1.5.8　选择题 5 图

6. 时间继电器断电延时的延时动合触点为（　　）。

  A．延时闭合的动合触点   B．瞬时动合触点

  C．瞬时闭合、延时断开的动合触点   D．瞬时断开、延时闭合的动合触点

7. 空气阻尼式时间继电器调节延时的方法是（　　）。

  A．调节释放弹簧的松紧   B．调节铁芯与衔铁间的气隙宽度

  C．调节进气孔的大小   D．调节出气孔的大小

8. 在延时精度要求不高，电源电压波动较大的场合应选用（　　）。

  A．空气阻尼式时间继电器   B．晶体管式时间继电器

  C．电动式时间继电器   D．上述三种都不合适

9. 时间继电器通电延时动合触点的动作特点是（　　）。
   A．线圈得电后，触点延时断开　　　　B．线圈得电后，触点延时闭合
   C．线圈得电后，触点立即断开　　　　D．线圈得电后，触点立即闭合

10. 热继电器的双金属片弯曲是因其材料的（　　）造成的。
    A．机械强度不同　　　　　　　　　　B．热膨胀系数不同
    C．温度变化　　　　　　　　　　　　D．温差效应

11. 热继电器用作电动机的过载保护，适用于（　　）。
    A．重载间断工作的电动机　　　　　　B．频繁启动与停止的电动机
    C．连续工作的电动机　　　　　　　　D．任何工作制的电动机

12. 在图1.5.9中，热继电器的图形符号是（　　）。

图1.5.9　选择题12图

13. 热继电器在电动机控制电路中不能用作（　　）。
    A．短路保护　　B．过载保护　　C．缺相保护　　D．断相保护

14. 在电气控制电路中，常将热继电器的热元件（　　）在电路中。
    A．并联　　　　B．串联　　　　C．混联　　　　D．随便接

15. 热继电器的文字符号用（　　）表示。
    A．SB　　　　　B．R　　　　　C．FR　　　　　D．QF

16. 一般情况下，热继电器中热元件的整定电流为电动机额定电流的（　　）倍。
    A．4～7　　　　B．0.95～1.05　C．1.5～2.5　　D．1～2

17. 下列电器中不能实现短路保护的是（　　）。
    A．熔断器　　　B．过电流继电器　C．热继电器　　D．低压断路器

18. 速度继电器的作用是（　　）。
    A．限制运行速度　B．速度计量　　C．反接制动　　D．控制电机运转方向

19. 下列关于速度继电器的说法中，正确的是（　　）。
    A．定子与电动机同轴连接　　　　　　B．转子与电动机同轴连接
    C．触点放置于主电路　　　　　　　　D．可以实时反馈电动机的速度

20. 速度继电器的文字符号用（　　）表示。
    A．KM　　　　　B．KS　　　　　C．KA　　　　　D．KT

21．通常速度继电器的动作转速为_____，复位转速在_____以下。（　　）

  A．100r/min　120 r/min   B．100r/min　100 r/min

  C．120r/min　100 r/min   D．120r/min　120 r/min

二、填空题

1．时间继电器按工作原理分为_____、_____和_____等。

2．时间继电器按延时方式可分为_____、_____。

3．空气阻尼式时间继电器的延时时间可以通过调节_____来改变。

4．时间继电器是一种利用_____或_____等原理来延迟触点闭合或分断的自动控制器。

5．热继电器是利用电流的热效应原理实现电动机的_____保护。

6．热继电器是利用流过继电器的_____所产生的热效应而反时限动作的_____电器。

7．热继电器由_____、_____、_____、电流整定装置和复位按钮组成。

8．热继电器使用时需要将热元件串联在_____电路中，动断触点串联在_____电路中。

9．热继电器的复位方式有_____和_____两种。

10．使用热继电器时，需要将_____串联在主电路中，_____串联在控制电路中。

11．热继电器是利用电流流过热元件产生热量来使感测元件受热弯曲，从而推动机构动作的一种保护电器，主要被用作电动机的长期_____保护。

12．对于三角形连接的电动机，应该选择_____的热继电器，热继电器的整定电流应该与电动机的额定电流_____。

13．在电动机启动时间不太长的情况下，热继电器能经受电动机启动电流的冲击而不动作，是因为热继电器的_____。

14．速度继电器主要用作鼠笼式异步电动机的反接制动，故又称为_____。

15．速度继电器主要由_____、_____和_____组成。

16．速度继电器的作用是_____。

三、作图题

按照要求绘出相应的图形符号，并标出文字符号。

_____	_____	_____	_____
时间继电器的通电延时线圈	时间继电器的断电延时线圈	时间继电器的延时闭合动合触点	时间继电器的延时断开动断触点

———————	———————	———————	———————
时间继电器的延时断开动合触点	时间继电器的延时闭合动断触点	时间继电器的瞬时动合触点	时间继电器的瞬时动断触点

———————	———————	———————
热继电器热元件（三极）	热继电器的辅助动断触点	速度继电器的辅助动合触点

1.6 低压断路器与熔断器

知识梳理

1. 开启式负荷开关

开启式负荷开关俗称胶盖瓷底刀开关，是一种结构简单、应用最广泛的手动电器，常用作 AC380V、AC220V 及 60A 以下的照明电路的电源开关和小容量电动机的启动操作开关，主要由操作瓷柄、熔体、触点座和瓷底座等组成。熔体起短路和严重过电流保护作用。一般用来控制 5.5kW 以下的电动机。

2. 低压断路器（低压空气开关）

低压断路器的功能相当于刀开关、熔断器、热继电器、过电流继电器及欠电压继电器功能的组合，是一种既有手动开关作用又能自动进行欠电压、失电压、过载和短路保护的开关电器。

（1）分类。

① 按用途分：有保护电动机用的低压断路器、保护配电线路用的低压断路器和保护照明线路用的低压断路器三种。

② 按结构分：有框架式断路器和塑壳式断路器两种。

③ 按极数分：有单极断路器、双极断路器、三极和四极断路器。

（2）结构组成。

各种低压断路器在结构上都由主触点及灭弧装置、脱扣器、自由脱扣机构的操作机构三部分组成。

① **主触点及灭弧装置**：主触点是低压断路器的执行元件，用来接通和分断主电路。为提高其分断能力，主触点上装有灭弧装置。

② **脱扣器**：是低压断路器的感受元件。当电路出现故障时，脱扣器感测到故障信号后，经自由脱扣器使低压断路器主触点分断。

(3) 脱扣器的分类。

① **分励脱扣器**：用于远距离使低压断路器断开电路的脱扣器，其实质是一个电磁铁。

② **欠电压、失电压脱扣器**：是一个具有电压线圈的电磁系统，其线圈并接在主电路中，实现欠电压和失电压保护。

③ **过电流脱扣器**：又称电磁脱扣器，是一个具有电流线圈的电磁系统，其线圈串接在主电路中，实现过电流与短路保护。

④ **过载脱扣器**：该脱扣器由双金属片制成，将双金属片加热元件串接在主电路中，工作原理与热继电器相同，实现长期过载保护。

图 1.6.1 所示为低压断路器的工作原理图。

(4) 低压断路器的图形、文字符号。

低压断路器的文字符号为 QF，其图形符号如图 1.6.2 所示。

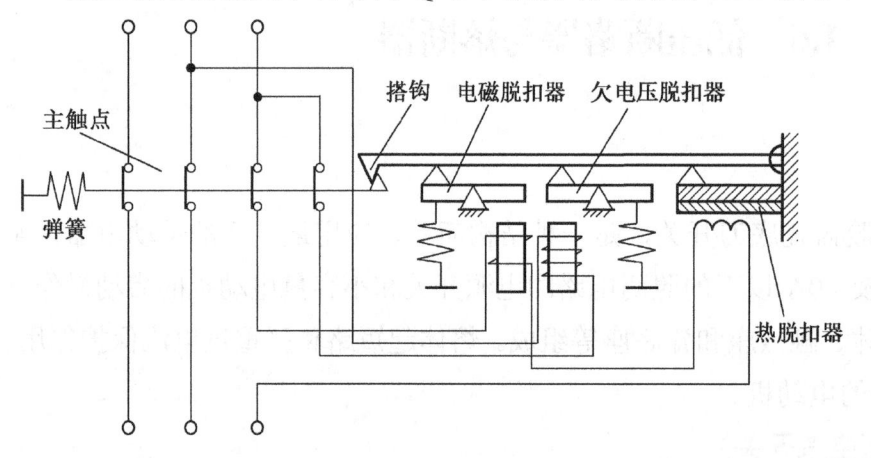

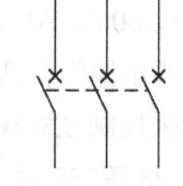

图 1.6.1　低压断路器的工作原理图　　图 1.6.2　低压断路器的图形符号

3. 漏电断路器

漏电断路器在正常情况下，除了具有与低压断路器相同的作用，还有漏电保护的功能。当发生漏电故障时，漏电断路器能在安全时间内自动切断电源，起自动保护的功能。

4. 熔断器

(1) 熔断器是一种结构简单、使用维护方便、体积小、价格便宜的**保护电器**，具有**过载**与**短路**保护作用，在使用过程中应串联在所保护的电路中。

(2) 熔断器由熔体（熔丝或熔片）、安装熔体的熔管、熔座组成，起保护作用的是熔体。

(3) 熔断器的图形、文字符号。

熔断器的文字符号为 FU，其图形符号如图 1.6.3 所示。

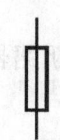

图 1.6.3　熔断器的图形符号

（4）熔断器的型号与含义如图 1.6.4 所示。

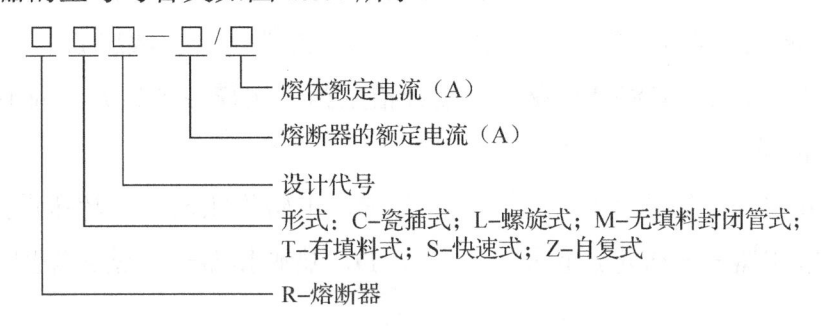

```
□□□-□/□
         ├── 熔体额定电流（A）
         ├── 熔断器的额定电流（A）
         ├── 设计代号
         ├── 形式：C-瓷插式；L-螺旋式；M-无填料封闭管式；
         │        T-有填料式；S-快速式；Z-自复式
         └── R-熔断器
```

图 1.6.4　熔断器的型号与含义

（5）熔断器的选择。

① 根据使用环境和负载选择合适的熔断器。

- 小容量的照明电路或电动机的保护，可以采用 RC1A 系列半封闭式熔断器；
- 在开关柜或配电屏中可以采用 RM 系列无填料封闭式熔断器；
- 对于短路电流相当大或有易燃气体的地方，应采用 RT0 系列有填料封闭式熔断器；
- 在机床线路中，应该用 RL1 系列螺旋式熔断器；
- 用于硅整流元件及晶闸管保护，应选择 RLS 或 RS0 系列的快速熔断器等。

② 熔断器的额定电流必须大于或等于所装熔体的额定电流。

③ 熔断器的额定电压必须大于或等于电路的额定电压。

（6）熔体额定电流的选择。

① 对于照明和电热等电流较平稳、无冲击电流的负载的短路保护，熔体的额定电流应稍大于或等于负载的额定电流。

② 对于一台不经常启动或启动时间不长的电动机的短路保护，熔体的额定电流 I_{RN} 应大于或等于 1.5～2.5 倍电动机的额定电流，即 $I_{RN} \geqslant (1.5 \sim 2.5) I_N$。

③ 对于多台电动机的短路保护，熔体的额定电流应大于或等于最大容量电动机额定电流的 1.5～2.5 倍，再加上其余电动机额定电流的总和。

经典例题解析

【例 1】熔断器的文字符号是（　　）。

A．SB　　　　B．QF　　　　　　C．FR　　　　　　D．FU

【答案】：D

【解析】：本题考查的是熔断器的文字符号。A 项是按钮的文字符号；B 项是低压断路器的文字符号；C 项是热继电器的文字符号；D 项是熔断器的文字符号。故选 D。

【例 2】（2016 高考题）低压断路器在电气控制中的应用，以下说法错误的是（　　）。

A．过载保护　　B．欠电压保护　　　C．负荷开关　　　D．过电流保护

【答案】：D

【解析】：此题考查的是低压断路器有哪些保护功能。低压断路器的功能相当于刀开关、熔断器、热继电器、过电流继电器及欠电压继电器功能的组合。故选 D。

【例 3】（嘉兴市 2013 年高等职业技术教育招生第一次模拟考试）下列不是低压断路器具有的保护功能的是____。（   ）

  A．电磁脱扣器——短路保护　　　　　B．电磁脱扣器——超压保护

  C．欠电压脱扣器——欠电压保护　　　D．热脱扣器——过载保护

【答案】：B

【解析】：本题考查的是低压断路器的组成结构及相应的保护功能。低压断路器有分励脱扣器，欠电压、失电压脱扣器，电磁脱扣器，过载脱扣器，分别具有断开电路、欠电压和失电压保护、过电流与短路电流保护、长期过载保护的功能。四个选项中的 B 项电磁脱扣器的保护功能不是超压保护，故选 B。

【例 4】（2017 模拟卷）熔断器主要用于（   ）。

  A．欠电压保护　　B．过电流保护　　C．短路保护　　D．欠电流保护

【答案】：C

【解析】：本题主要考查熔断器的保护功能。熔断器在电路中主要起短路保护作用。故选 C。

【例 5】 HK 系列开启式负荷开关中的熔体起（   ）作用。

  A．短路和严重过载保护　　　　　　　B．短路和严重过电流保护

  C．严重过热保护　　　　　　　　　　D．断相保护

【答案】：B

【解析】：本题主要考查熔断器的保护功能。熔断器在电路中主要起短路和严重过电流保护作用。故选 B。

同步练习

一、选择题

1．低压断路器不具备（   ）保护作用。

  A．欠电压　　　　B．失电压　　　　C．过载和短路　　　　D．断相保护

2．QF 是（   ）的文字符号。

  A．刀开关　　　　B．熔断器　　　　C．断路器　　　　D．继电器

3．低压断路器中具有电压线圈的电磁系统，其线圈并接在主电路中的是（   ）。

  A．分励脱扣器　　　　　　　　　　　B．欠电压、失电压脱扣器

  C．电磁脱扣器　　　　　　　　　　　D．过载脱扣器

4．低压断路器中具有电流线圈的电磁系统，其线圈串接在主电路中的是（   ）。

  A．分励脱扣器　　　　　　　　　　　B．欠电压、失电压脱扣器

  C．电磁脱扣器　　　　　　　　　　　D．过载脱扣器

5．熔断器是一种（　　）电器。

　　A．保护　　　　B．手动　　　　C．主令　　　　D．电磁式

6．熔断器起保护作用的是（　　）。

　　A．熔座　　　　B．熔管　　　　C．熔体　　　　D．熔断器

7．熔断器的文字符号是（　　）。

　　A．FS　　　　　B．RF　　　　　C．FU　　　　　D．FR

8．熔断器具用（　　）保护作用。

　　A．过热　　　　　　　　　　　　B．过电压

　　C．过电流　　　　　　　　　　　D．短路或严重过载时保护电路

9．在图1.6.5中，哪个是熔断器的图形符号。（　　）

A　　　　　　　　B　　　　　　　　C　　　　　　　　D

图1.6.5　选择题9图

10．对于一台不经常启动或启动时间不长的电动机的短路保护，熔体的额定电流 I_{RN} 应大于或等于（　　）电动机的额定电流。

　　A．1~1.5倍　　B．1.5~2倍　　C．1.5~2.5倍　　D．2~2.5倍

11．熔体的熔断时间与（　　）。

　　A．电流成正比　　　　　　　　　B．电流成反比

　　C．电流的平方成正比　　　　　　D．电流的平方成反比

12．RL1系列熔断器的熔管内充填石英砂是为了（　　）。

　　A．绝缘　　　　B．防护　　　　C．灭弧　　　　D．散热

13．低压断路器中由双金属片制成，将双金属片加热元件串接在主电路中的脱扣器是（　　）。

　　A．分励脱扣器　　　　　　　　　B．欠电压、失电压脱扣器

　　C．电磁脱扣器　　　　　　　　　D．过载脱扣器

14．下列低压电器中可以实现过载保护的有（　　）。

　　A．速度继电器　　B．接触器　　　C．低压断路器　　D．时间继电器

15．熔断器串联在电路中主要用作（　　）。

　　A．短路保护　　B．过载保护　　C．欠电压保护

16．熔断器的额定电流与熔体的额定电流（　　）。

　　A．是一回事　　　　　　　　　　B．不是一回事

　　C．不确定　　　　　　　　　　　D．熔断器的电流比熔体电流要小

二、填空题

1．各种低压断路器在结构上都由主触点及灭弧装置、_____、自由脱扣机构的操作机构三部分组成。

2．低压断路器的功能相当于刀开关、熔断器、_____、过电流继电器及欠电压继电器功能的组合。

3．低压断路器是一种既有手动开关作用又能自动进行_____、_____、过载和短路保护的开关电路。

4．低压断路器按结构分为_____和_____。

5．低压断路器按极数分为_____、_____、_____和四极断路器。

6．低压断路器的主触点是其执行元件，用来接通和分断_____电路。为提高其分断能力，主触点上装有灭弧装置。

7．主触点是低压断路器的执行元件，为提高其分断能力，在主触点上装有_____。

8．低压断路器中用于远距离使其断开电路的是_____脱扣器。

9．低压断路器中具有过载保护作用的是_____脱扣器。

10．低压断路器中实现过电流与短路保护的是_____脱扣器。

11．低压断路器中实现欠电压与失电压保护的是_____脱扣器。

12．熔断器主要由_____、安装熔体的_____、_____、填料及导电部件等组成。

13．当电路发生_____或严重过载时，熔断器中的熔体将自动熔断，从而切断电路，起到保护作用。

14．熔断器是在低压配电网络和电力拖动系统中用作_____电器，使用时_____在被保护电路中。

15．小容量的照明电路或电动机的保护，可以采用_____系列半封闭式熔断器。

16．用于硅整流元件及晶闸管保护，应选择_____快速熔断器等。

17．熔断器的额定电压必须_____电路的额定电压。

18．熔断器的额定电流必须_____所装熔体的额定电流。

19．对于多台电动机的短路保护，熔体的额定电流应大于或等于最大容量电动机额定电流的_____倍，再加上其余电动机额定电流的总和。

第 2 章 电气控制系统的基本电路

2.1 电气控制电路的绘制

✓ 知识梳理

1. 电气系统图

（1）电气原理图（又称电路图）：应用最多，采用电气元件展开的形式绘制，不按电气元件的实际位置来画，也不反映电气元件的形状、大小和安装方式。其具有结构简单、层次分明，以及适于研究、分析电路的工作原理等优点。

（2）电气安装接线图：按照电气元件的实际位置和实际接线绘制，它为电气设备、电气元件之间进行配线及检修电气故障等提供了必要依据。

（3）电气布置图：表示控制电路中电气元件实际安装位置。

2. 绘制电气原理图时应遵循的原则

（1）原理图一般分主电路与辅助电路两部分。主电路是从电源到电动机的电路，是强电流通过的部分。辅助电路包括控制电路、照明电路、信号电路及保护电路等，通过的电流是弱电流。

（2）在电气原理图中，所有电气元件的图形、文字符号必须采用国家规定的统一标准。

（3）采用电气元件展开图的画法，应根据便于读图的原则，同一电气元件的各部件可以不画在一起，但需用同一文字符号标出。

（4）所有按钮、触点均按没有外力和没有通电的原始状态画出。

（5）原理图中，两线交叉连接时的电气连接点要用黑圆点标出。

3. 主电路各接点的标号

（1）主电路标号由文字符号和数字组成。例如，三相电源引入线采用 L1、L2、L3 标号，电源开关出线端的三相交流电源主电路分别标 U、V、W。U11 表示电动机的第一相的第一个接点标号，U12 表示为第一相的第二个接点标号。

（2）直流控制电路中正极按奇数标号，负极按偶数标号。

4. 电气控制电路的设计方法

电气控制电路的设计方法有经验设计法和逻辑设计法。

✓ 经典例题解析

【例 1】同一电气元件的各个部件在图中可以不画在一起的图是（　　）。

A．电气原理图　　　　　　　　　B．电气布置图
C．电气安装接线图　　　　　　　D．电气系统图

【答案】：A

【解析】：本题主要考查学生对电气原理图的理解。此题不难从四个选项中得出 A 选项为正确答案。

同步练习

一、选择题

1. 对有直接电联系的交叉导线的连接点（　　）。
   A．要画小黑圆点　B．不画小黑圆点　C．可以画也可以不画小黑圆点

2. 主电路的标号在电源开关的出线端按相序依次为（　　）。
   A．U、V、W　　　　　　　　　B．L1、L2、L3
   C．U11、V11、W11　　　　　　D．R、S、T

3. 分析电气原理图的基本原则是（　　）。
   A．先分析交流通路　　　　　　B．先分析直流通路
   C．先分析主电路，后分析辅助电路　　D．先分析辅助电路，后分析主电路

4. 能反映电气元件实际位置和实际接线的图是（　　）。
   A．电气原理图　　　　　　　　B．电气布置图
   C．电气安装接线图　　　　　　D．电气系统图

5. 能充分表达电气设备和电气用途及线路工作原理的是（　　）。
   A．电气安装接线图　　　　　　B．电气原理图
   C．电气布置图　　　　　　　　D．电气系统图

6. 在控制板上安装组合开关、熔断器时，其受电端子应安装在控制板的（　　）。
   A．内侧　　　　B．外侧　　　　C．内侧或外侧

7. CA6140 普通车床控制电路图中，信号电路和照明电路的电压分别为（　　）。
   A．24V、6V　　B．6V、24V　　C．110V、24V　　D．6V、110V

8. 能用来表示控制电路中电气元件实际安装位置的是（　　）。
   A．电气原理图　B．电气布置图　C．电气安装接线图　D．电气系统图

二、填空题

1. 常用的电气系统图有_____、_____、_____等类型。

2. 能充分表达电气设备和电气用途及线路工作原理的是_____。

3. 电气系统图中，_____应用最多，为便于阅读与分析控制电路，根据简单、清晰的原则，采用电气元件_____的形式绘制而成。

4. 电气原理图一般分主电路和_____两部分，主电路是从电源到电动机的电路，是强电流通过的部分。

5. 电气原理图中所有按钮、触点均按没有_____和没有_____的原始状态画出。

6. 直流控制电路中_____极按奇数标号，_____极按偶数标号。

7. 电气控制电路的设计方法有_____设计法和逻辑设计法。

2.2 三相异步电动机

知识梳理

1. 交流电动机的分类

（1）交流电动机主要分为同步电动机和异步电动机两大类。同步电动机的转子转速与电源频率之间关系不随负载大小变化。异步电动机的转子转速将随负载的变化而变化，转子转速与电源频率之间没有严格的比例关系。

（2）按转子结构不同，三相异步电动机可分为鼠笼式异步电动机和绕线式异步电动机。

2. 三相鼠笼式异步电动机的结构

异步电动机主要由定子和转子两个基本部分组成，此外还有端盖、风扇、轴承盖和接线盒等零部件。三相异步电动机结构如图 2.2.1 所示。

（1）定子：由**定子铁芯**、**定子绕组**和**机座**三部分组成。定子铁芯由 0.5mm 厚的硅钢片冲片叠成，用以降低交变磁通在铁芯中产生的涡流损耗。

（2）转子：由**转轴**、**转子铁芯**、**转子绕组**（绕线式异步电动机）和**风扇**组成。

（3）气隙：异步电动机定子、转子间存在一定的气隙。中、小型异步电动机的气隙一般为 0.2～1.5mm。由于气隙是电动机能量转换的主要场所，所以气隙的大小与异步电动机的性能好坏有很大关系。气隙大，整个磁路的磁阻就要大得多，产生同样大小磁通的旋转磁场所需的励磁电流（定子绕组中维持旋转磁场所需的电流）就大，从而使异步电动机的功率因数下降。

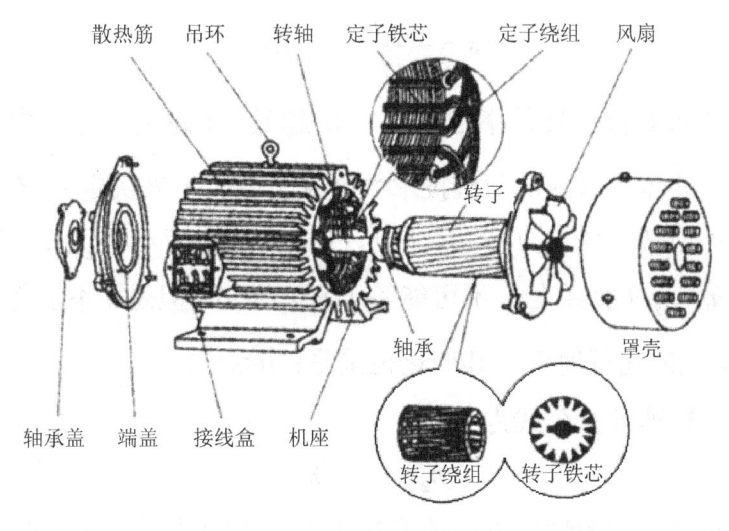

图 2.2.1 三相异步电动机结构

3. 工作原理

三相交流电通入定子绕组后，便形成了一个旋转磁场，其转速 $n_1=60f/p$。旋转磁场的磁力线被转子绕组切割，根据电磁感应原理，转子绕组产生感应电动势。若转子绕组是闭合的，则转子绕组有电流流过。设旋转磁场按顺时针方向旋转，且某时刻上为北极，下为南极。电动机的运转原理如图 2.2.2 所示。

为了分析方便，规定三相交流电为正半周时（电流为正值），电流由转子绕组的首端流向末端；反之电流由转子绕组的末端流向首端。由首端流进用"$\oplus$"表示，由末端流出用"$\odot$"表示。

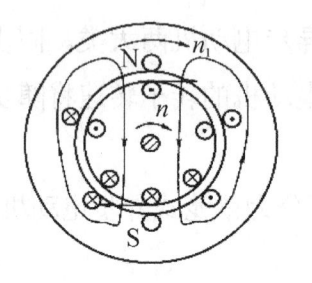

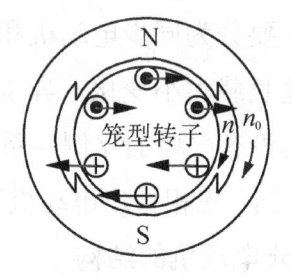

图 2.2.2 电动机的运转原理

4. 旋转磁场的转速（同步转速）

按照以下公式计算旋转磁场的转速。

$$n_1 = \frac{60f}{p}$$

式中，f 为三相交流电源的频率（Hz）；p 为旋转磁场的磁极对数；n_1 为旋转磁场的转速（r/min）。

5. 转差率、调速与反转

（1）**转差率**。异步电动机的同步转速 n_1 与转子转速 n_2 之差，即 n_1-n_2 叫作转速差；转速差（n_1-n_2）与同步转速 n_1 之比，叫作异步电动机的转差率，用 s 表示，即

$$s = \frac{n_1 - n_2}{n_1} \times 100\%$$

说明：转子转速 n_2 越高，转差率 s 越小；n_2 越低，s 越大。一般电动机转子转速比同步转速低 2%~6%（具体数据由电动机技术数据及负载大小来决定）。在电动机启动瞬间，旋转磁场已经产生，但转子还没有转动，即 $n_2=0$，这时的转差率 $s=1$。当转子转速 n_2 接近同步转速 n_1 时，即 $n_1 \approx n_2$（实际上 n_2 不可能等于 n_1），$s \approx 0$，但是 s 不能等于零。可见转差率 s 可以表明异步电动机的运行速度，其变化范围是：$0<s\leq 1$。

异步电动机转子转速计算公式为

$$n_2 = (1-s)n_1$$

（2）**调速**。在负载不变的情况下，改变异步电动机的转子转速 n_2 叫调速。

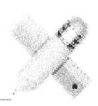

由转差率公式及转子转速计算公式可得
$$n_2 = \frac{60(1-s)f}{p}$$
故有三种办法可以改变电动机转速。

① 改变电源频率 f（变频调速）：无级调速，具有机械特性曲线较硬的特点，适用于大范围连续调速。

② 改变转差率 s：只适用于绕线式异步电动机。

③ 改变磁极对数 p：电动机的转子转速不能连续、平滑地进行调节。

（3）**反转**。方法：改变三相电源的相序，只要将接在三相电源的三根相线中的任意两根对调即可。

6．三相异步电动机铭牌中的主要数据

1）额定功率 P_N

额定功率是指电动机在额定状态下运行时输出的机械功率，单位为 W（瓦）或 kW（千瓦）。

2）额定电压 U_N

额定电压指电动机在额定运行状态下加在定子绕组上的线电压，单位为 V（伏）或 kV（千伏）。

3）额定电流 I_N

额定电流是指电动机加额定电压，输出额定功率时，定子绕组中的线电流，单位为 A（安）或 kA（千安）。

4）额定频率 f_N

额定频率是指电动机所接电源的标准频率，单位为 Hz（赫兹）。

5）额定转速 n_N

额定转速是指电动机加额定频率、额定电压，并在转轴上输出额定功率时的转子转速，单位为 r/min（转/分）。

6）定子绕组连接法

用 Y 或 D（△）表示电动机加额定电压时定子绕组的连接方式为星形或三角形。

7．三相异步电动机的三种运行状态

（1）电动运行状态：在 $0<s<1$ 的范围内，转子旋转方向与旋转磁场的旋转方向一致，此时 $0<n<n_1$。

（2）发电状态：在 $s<0$ 的范围内，转子旋转方向与旋转磁场的旋转方向一致，此时 $n>n_1$，电动机处于发电状态，也是一种制动状态。

（3）制动状态：在 $s>1$ 的范围内，转子旋转方向与旋转磁场的旋转方向相反，转子转速为负，电动机运行于制动状态。

8．三相异步电动机的工作特性

（1）转速特性：异步电动机在额定电压和额定频率下，输出功率变化时，转子转速变化的曲线 $n=f(P_2)$ 称为转速特性。

① 空载时，转子转速 n_2 接近于同步转速 n_1。

② 负载增加，转子转速 n_2 略微降低，这时转子电动势 E 增大，转子电流 I_2 增大，以产生大的电磁转矩来平衡负载转矩。

③ 随着 P_2 的增加，转子转速 n_2 下降，转差率 s 增大。

④ 转速特性是一条稍向下倾斜的曲线。

（2）定子电流特性：异步电动机在额定电压和额定频率下，输出功率变化时，定子电流的变化曲线 $I_1 = f(P_2)$ 称为定子电流特性。

$$I_1 = I_0 + (-I_2')$$

式中，I_1 为定子电流，I_0 为励磁电流，I_2 为转子电流。

① 空载时，转子电流基本上为零，此时的定子电流就是励磁电流 I_0。

② 负载增加，转速降低，转子电流增大，定子电流也增大，抵消转子电流产生的磁动势，以保持磁动势的平衡。

③ 定子电流几乎随 P_2（负载）按正比例增加。

（3）功率因数特性：异步电动机在额定电压和额定频率下，输出功率变化时，定子功率因数的变化曲线 $\cos\phi_1 = f(P_2)$ 称为功率因数特性。

① 异步电动机是感性阻抗，功率因数滞后，必须从电网吸取感性的无功功率。

② 空载时，定子电流用于无功励磁，功率因数很低，不超过 0.2。

③ 负载增加，有功分量增加，功率因数提高。

④ P_2 接近额定负载时，功率因数最大。

⑤ 从空载到额定负载，s 变化小，转子功率因数几乎不变。

⑥ 负载超额定值，s 会变得较大，转子功率因数角变大，无功分量增加，定子功率因数重新下降。

三相异步电动机的工作特性曲线如图 2.2.3 所示。

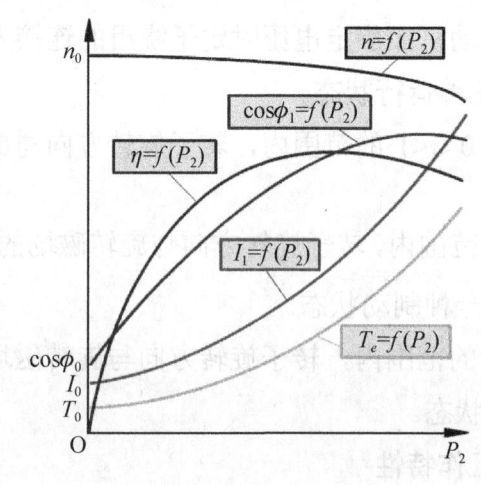

图 2.2.3 三相异步电动机的工作特性曲线

经典例题解析

【例1】 三相异步电动机的磁极对数 $p=2$，转差率 $s=5\%$，电源频率 $f=50$Hz。试求电动机的转子转速是多少？

【解答】：由题可和同步转速为

$$n_1 = \frac{60f}{p} = \frac{60 \times 50}{2} = 1500 \text{r/min}$$

由转子转速的计算公式可得

$$n_2 = (1-s)n_1 = (1-5\%) \times 1500 = 1425 \text{r/min}$$

故电动机的转子转速为 1425r/min。

【解析】：本题考查的是同步转速和转差率的计算。由同步转速与磁极对数、频率的关系可得转子转速。

【例2】（2009 高考题）三相鼠笼式异步电动机转子转速 n 与同步转速 n_0 的正确关系是（　）。

A．$n > n_0$　　　　B．$n < n_0$　　　　C．$n = n_0$　　　　D．空载时 $n = n_0$

【答案】：B

【解析】：本题考查的是学生对三相异步电动机工作原理的理解。三相异步电动机在运行过程中转子转速总是落后于同步转速。故选 B。

【例3】（2013 高考题）某风机采用三相鼠笼式异步电动机拖动，在运行过程中缺了一相，正确的现象是（　）。

A．电动机能够继续运行　　　　　　B．电动机会反转
C．电动机会降到很低的转速运转　　D．电动机很快停止运转

【答案】：C

【解析】：本题考查的是学生对三相异步电动机的故障分析能力。三相异步电动机在启动过程中缺一相是启动不起来的，但若在运行中缺少一相却仍能运行，则这时的运行方式叫非全相运行。在这种运行方式下，一般电动机也能勉强运行一个小时，但因为三相缺少一相，导致转矩降低，转速下降，电流上升（另两相的电流是原来的 $\sqrt{3}$ 倍），故选 C。

【例4】（2018 高考题）若鼠笼式异步电动机定子铁芯与转子铁芯的气隙较大，则以下说法正确的是（　）。

A．励磁电流较大，功率因数较低　　B．励磁电流较大，功率因数较高
C．励磁电流较小，功率因数较低　　C．励磁电流较小，功率因数较高

【答案】：A

【解析】：本题考查的是学生对三相异步电动机结构中气隙的理解。在三相异步电动机中，气隙是能量转换的主要场所，气隙的大小与异步电动机的性能好坏有很大关系。气隙大，整个磁路的磁阻就大，产生同样大小磁通的旋转磁场所需的励磁电流就大，从而使异步电动机的功率因数下降。故选 A。

【例 5】（2015 高考题）某△形连接的三相鼠笼式异步电动机 U、V、W 三个接线端测得的电阻值分别是 $R_{UV}=16\Omega$，$R_{UW}=24\Omega$，$R_{WV}=24\Omega$，以下说法正确的是（　　）。

    A．UV 相绕组匝间短路　　 B．UW 相绕组匝间短路

    C．WV 相绕组匝间短路　　 D．UW 相绕组与 WV 相绕组间短路

【答案】：A

【解析】：本题考查的是三相异步电动机三相绕组的连接，以及对电动机常见故障的判断。题意中指出在△形连接下，用仪表测得各绕组的电阻值分别为 $R_{UV}=16\Omega$，$R_{UW}=24\Omega$，$R_{WV}=24\Omega$。根据串、并联电路的电阻特性可知，电阻小的一相绕组存在匝间短路的情况。故选 A。

✔ 同步练习

一、选择题

1．三相异步电动机转差率的取值范围是（　　）。

    A．$0 \leq s \leq 1$　　B．$0 < s \leq 1$　　C．$0 < s < 1$　　D．$s < 1$

2．当三相异步电动机的转差率 $s=1$ 时，电动机的状态是（　　）。

    A．额定运行状态　　 B．反接制动状态

    C．接通电源启动的瞬间　 D．回馈制动状态

3．某三相异步电动机的磁极对数 $p=2$，工作在 50Hz 的工频交流电源下，其工作时的同步转速为（　　）。

    A．3000r/min　　B．2000r/min　　C．1500r/min　　D．1000r/min

4．一台额定转速为 970r/min 的三相异步电动机，工作在 50Hz 的工频交流电源下，

（1）其同步转速 n_1 为（　　）。

    A．1000　　B．1500　　C．2000　　D．3000

（2）其磁极对数 p 为（　　）。

    A．1　　B．2　　C．3　　D．4

（3）其额定转差率 s 为（　　）。

    A．1%　　B．2%　　C．3%　　D．4%

5．若电源频率为 50Hz 的 2 极、4 极、6 极、8 极四台异步电动机的同步转速为 n_1、n_2、n_3、n_4，则 $n_1:n_2:n_3:n_4$ 为（　　）。

    A．1:2:3:4　　B．4:3:2:1　　C．12:6:4:3　　D．3:4:6:12

6．适用于大范围连续调速的方法是（　　）。

    A．改变电源频率（变频调速）　　B．改变转差率 s　　C．改变磁极对数 p

7．三相异步电动机的旋转方向与通入三相绕组的三相电流的（　　）有关。

    A．大小　　B．方向　　C．相序　　D．频率

8. 若三相异步电动机的电源频率为50Hz，额定转速为1455r/min，则转差率为（   ）。
   A. 0.03　　　　　B. 0.04　　　　　C. 0.18　　　　　D. 0.52

9. 异步电动机的三种基本调速方法中，不含（   ）。
   A. 变电流调速　　B. 变频调速　　C. 变转差率调速　　D. 变极调速

10. 关于异步电动机转差率的说法，正确的是（   ）。
    A. 在任何情况下转差率都不可能为零
    B. 临界转差率和外加电压有关
    C. 在正常情况下临界转差率小于额定转差率
    D. 额定转差率一般为0.2～0.6

11. 不能改变交流异步电动机转速的是（   ）。
    A. 改变定子绕组的磁极对数　　　　B. 改变供电电网的电压
    C. 改变供电电网的功率　　　　　　D. 改变供电电网的频率

12. 三相异步电动机定子三相对称绕组相互之间相差120度（   ）角度。
    A. 空间　　　　B. 平面　　　　C. 机械　　　　D. 电

13. 要改变三相异步电动机的转向，须改变（   ）。
    A. 电源电压　　B. 电源频率　　C. 电源有效值　　D. 三相电源的相序

14. 关于三相异步电动机铭牌参数的说法，正确的是（   ）。
    A. 电动机在额定状态下工作时，从电源中取用的功率称为额定功率
    B. 电动机在额定状态下工作时，加在定子绕组上的相电压称为额定电压
    C. 电动机在额定状态下运行时，定子电路输入的线电流称为额定电流
    D. 电动机在额定状态下工作时的同步转速称为额定转速

15. 三相异步电动机定子绕组通入三相对称正弦交流电后，在气隙中产生（   ）。
    A. 旋转磁场　　　　　　　　　B. 恒定磁场
    C. 相互抵消合磁场为零　　　　D. 都不对

16. 关于三相鼠笼式异步电动机的转子电流，以下说法正确的是（   ）。
    A. 转子中的感应电流频率与定子中的电流频率相同
    B. 转子转速越高，转子电流越大
    C. 负载转矩减小时，转子电流相应增大
    D. 负载转矩增大时，转子电流相应增大

17. 三相异步电动机在运行过程中，若一相熔丝熔断，则电动机将（   ）。
    A. 立即停转，不能启动　　　　B. 立即停转，可以启动
    C. 继续转动，不能启动　　　　D. 继续转动，可以启动

18. 三相异步电动机铭牌上标示的功率因数是（   ）运行时（   ）的功率因数。
    A. 空载　转子　　B. 空载　定子　　C. 满载　转子　　D. 满载　定子

19. 异步电动机正常运行时，定子绕组的电流由（　　）决定。

　　A．定子绕组阻抗　B．转子绕组阻抗　　C．铁芯磁通　　　　D．负载转矩

20．（2018 高考题）某 Y 形连接的三相鼠笼式异步电动机 U、V、W 三个接线端测得的电阻值分别是 $R_{UV}=20\Omega$，$R_{UW}=10M\Omega$，$R_{WV}=10M\Omega$，以下说法正确的是（　　）。

　　A．U 相绕组断路　　　　　　　　　B．V 相绕组断路

　　C．W 相绕组断路　　　　　　　　　D．V 相绕组短路

21．三相异步电动机运行时实际输入电流的大小取决于（　　）。

　　A．输入电压的大小　　　　　　　　B．电动机的转速

　　C．电动机的额定电流　　　　　　　D．负载功率的大小

22．三相异步电动机工作在稳定运行区。其他条件不变，当负载转矩减小时（　　）。

　　A．电磁转矩增大，转速上升，定子电流减小

　　B．电磁转矩不变，转速下降，定子电流减小

　　C．电磁转矩减小，转速下降，定子电流增大

　　D．电磁转矩减小，转速上升，定子电流减小

二、填空题

1．异步电动机主要由_____和_____两个基本部分组成，此外还有_____、_____、轴承盖和接线盒等零部件。

2．同步转速 n 由三相交流电源的_____和磁极_____来决定。

3．改变电动机转子转速有_____、_____和_____三种方法。

4．要使电动机反转，只要将接入三相电源的三根相线中的_____即可。

5．异步电动机的同步转速 n_0 可由公式_____来确定。异步电动机转差率 s 的数学表达式为：_____，当 $0<s<1$ 时，异步电动机处于_____状态，异步电动机在额定负载时转差率的取值范围为_____。

6．按转子结构不同，三相异步电动机可分为_____异步电动机和_____异步电动机两类。

7．若一台 6 极三相异步电动机接于 50Hz 的三相对称电源，其转差率 s=0.05，则此时转子转速为 950 r/min，定子旋转磁通势相对于转子的转速为_____r/min。

8．三相异步电动机在电动运行状态下，随着负载 P_2 的增加，转子转速 n 将_____，转差率 s 将_____，转子电流将_____，定子电流将_____。

9．三相异步电动机空载运行时，转子电流基本上为____，定子电流就是____电流。

10．异步电动机在额定电压和额定频率下，当负载达到额定值时，功率因数_____。

11．异步电动机在额定电压和额定频率下，当负载从空载到额定值时，转差率____，转子功率因数_____。

2.3 三相异步电动机的连续控制电路

知识梳理

1. 三相异步电动机的启动

1）启动控制

（1）全压启动：电动机启动时加在绕组上的电压为电动机的额定电压，这种启动方法称为全压启动，又称直接启动。

（2）降压启动：启动时用降低加在定子绕组上的电压的方法来减小启动电流，当启动过程结束后，再使电压恢复到额定运行，这种启动方法叫降压启动。

2）直接启动存在的危害

当电动机的启动方式为直接启动时，在刚接通电源的瞬间，旋转磁场和转子之间的相对转速较大，由于互感作用，会在定子绕组中产生很强的互感电流。通常直接启动的启动电流可达电动机额定电流的 4~7 倍。

启动电流过大，供电线路上的电压降也随之增大，使电动机两端的电压减小。这样不仅使电动机本身的启动转矩减小，还可能影响电动机的使用寿命。长期使用，会使电动机内部绝缘老化，甚至烧坏电动机。

3）直接启动的作用

在一般情况下，当电动机的容量小于 10kW 或其容量不超过电源变压器容量的 15%~20%时，启动电流不会影响同一供电线路上的其他用电设备的正常工作，可允许直接启动。

优点：启动简单。

缺点：启动电流较大，将使线路电压下降，影响负载正常工作。

适用范围：电动机容量在 10kW 以下，并且小于供电变压器容量的 20%。

2. 电动机连续控制电路

图 2.3.1 所示为电动机连续控制电路。

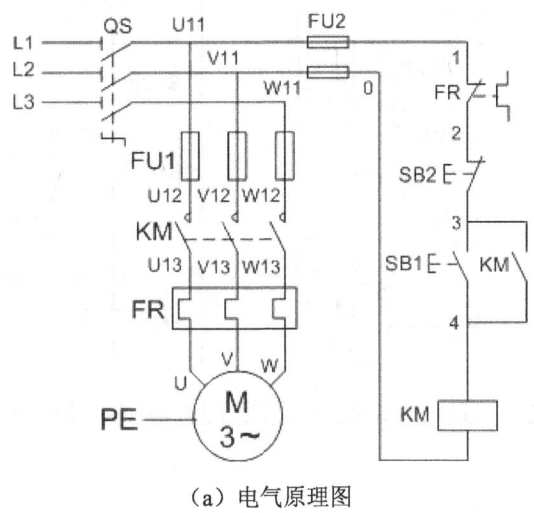

(a) 电气原理图

图 2.3.1 电动机连续控制电路

闭合电源开关QS

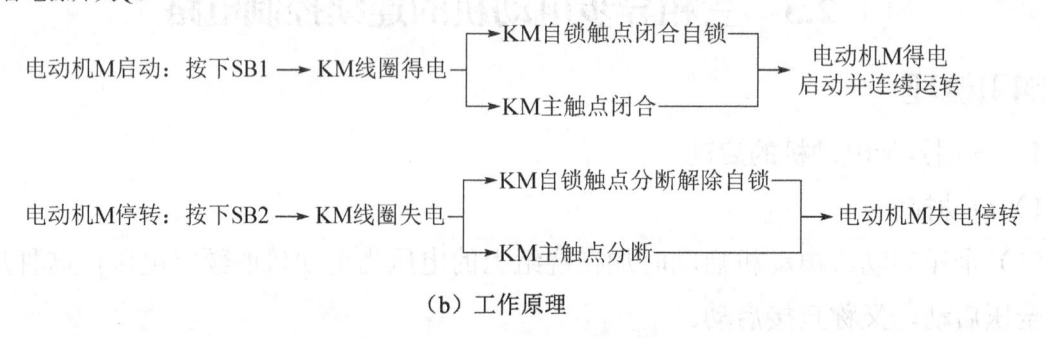

电动机M启动：按下SB1 → KM线圈得电 → KM自锁触点闭合自锁 / KM主触点闭合 → 电动机M得电启动并连续运转

电动机M停转：按下SB2 → KM线圈失电 → KM自锁触点分断解除自锁 / KM主触点分断 → 电动机M失电停转

（b）工作原理

图 2.3.1　电动机连续控制电路（续）

1）保护环节

（1）熔断器 FU 具有短路保护的作用，但不能实现过载保护。这是因为一方面熔断器的规格必须根据电动机启动电流大小做适当选择，另一方面还要考虑熔断器保护特性的反时限特性和分散性。所谓分散性，是指各种规格熔断器的特性曲线差异较大，即使是同一种规格的熔断器，其特性曲线也往往不相同。

（2）热继电器 FR 具有过载保护的作用。由于热继电器的热惯性比较大，即使热元件流过的电流是额定电流的几倍，热继电器也不会立即动作。因此在电动机启动时间不长的情况下，热继电器能经受电动机启动电流的冲击而不动作。

（3）欠电压保护与失电压保护是依靠接触器本身的电磁系统来实现的。

2）自锁的概念

依靠接触器自身的辅助触点而使其线圈保持通电的现象称为自锁（或自保），这一对起自锁作用的触点，称为自锁触点。自锁触点常与启动按钮并联连接。

3．电动机的点动与连续控制电路

图 2.3.2 所示为电动机点动控制与连续混合控制电路电气原理图。

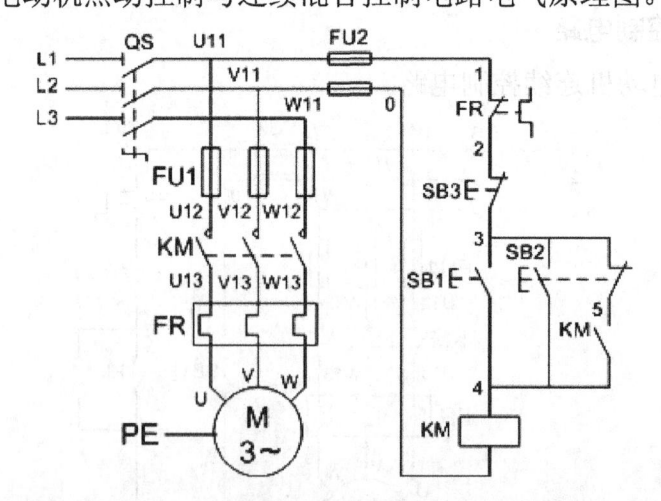

图 2.3.2　电动机点动控制与连续混合控制电路电气原理图

1）工作原理

先闭合电源开关 QS。

(1) 连续控制。

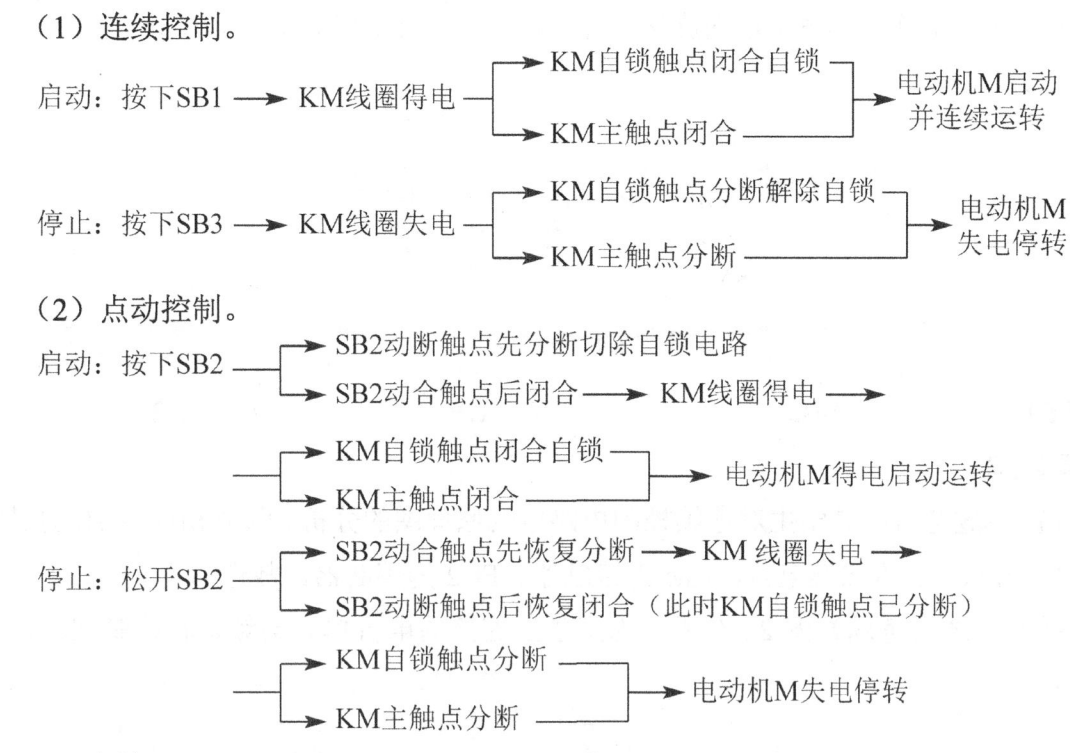

启动：按下SB1 → KM线圈得电 → KM自锁触点闭合自锁
　　　　　　　　　　　　　→ KM主触点闭合 → 电动机M启动并连续运转

停止：按下SB3 → KM线圈失电 → KM自锁触点分断解除自锁
　　　　　　　　　　　　　→ KM主触点分断 → 电动机M失电停转

(2) 点动控制。

启动：按下SB2 → SB2动断触点先分断切除自锁电路
　　　　　　　→ SB2动合触点后闭合 → KM线圈得电 →

→ KM自锁触点闭合自锁
→ KM主触点闭合 → 电动机M得电启动运转

停止：松开SB2 → SB2动合触点先恢复分断 → KM线圈失电 →
　　　　　　　→ SB2动断触点后恢复闭合（此时KM自锁触点已分断）

→ KM自锁触点分断
→ KM主触点分断 → 电动机M失电停转

2) 小结

（1）点动与连续控制的关键是自锁触点是否接入。

（2）连续控制电路中，加入一个复合触点，复合触点的动断触点与自锁触点串联后再与启动按钮、复合触点并联，即可实现点动与连续的混合控制。

（3）点动与连续混合控制电路除了采用复合按钮之外，还可以采用中间继电器和转换开关来实现。

经典例题解析

【例1】（2009高考题）图2.3.3所示为4种不同连接方式的电机控制电路，现欲实现对电机进行自锁单向运转控制，正确的连接方式是（　　）。

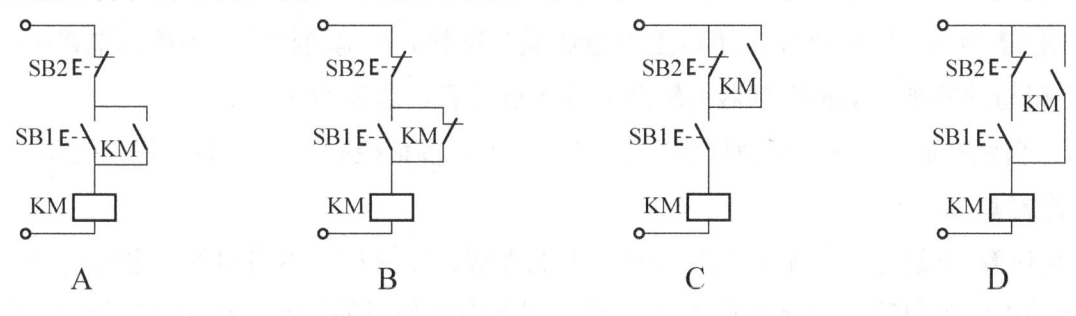

图2.3.3　例1图

【答案】：A

【解析】：本题考查的是学生对自锁概念的理解。依靠接触器自身的辅助触点而使其线圈保持通电的现象称为自锁（或自保），这一对起自锁作用的触点，称为自锁触点。自锁触点常与启动按钮并联连接。B项错在接触器的动断触点与启动按钮并联；C项错在接触器的动合触点与停止按钮并联；D项电路无法停止。故选A。

【例2】（2014高考题）电机单向旋转的控制电路如图2.3.4所示，其中起停止作用的器件是（　　）。

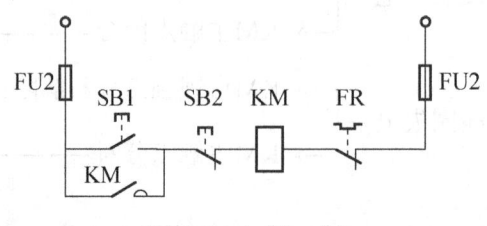

图2.3.4　例2图

A．SB1　　　　B．SB2　　　　C．KR　　　　D．FU2

【答案】：B

【解析】：本题考查的是学生对连续控制电路电气原理图的分析。图中SB1为启动按钮、SB2为停止按钮、FR为热继电器、KM为接触器、FU2为熔断器。故选B。

【例3】（2018高考题）图2.3.5所示为某学生连接的电机单向自锁运行控制回路，该电路（　　）。

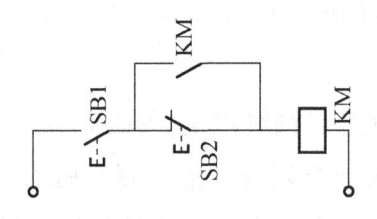

图2.3.5　例3图

A．能实现自锁运行控制　　　　　　B．只能实现点动功能
C．电机运行后不能停止　　　　　　D．电机不能运行

【答案】：B

【解析】：本题考查的是学生对连续控制电路电气原理图的分析，以及自锁触点的概念。图中自锁触点与停止按钮并联，无法起到自锁的作用，所以只能实现点动功能。故选B。

【例4】（浙江省2012年电子电工类专业联考试卷）在电动机的启停控制电路中，常把启动按钮与被控制电动机接触器的辅助动合触点并联，这称为（　　）。

A．自锁控制　　B．互锁控制　　C．多地控制　　D．联锁控制

【答案】：A

【解析】：本题考查的是学生对自锁概念的理解。依靠接触器自身的辅助触点而使其线圈保持通电的现象称为自锁（或自保），这一对起自锁作用的触点，称为自锁触点。自锁触点常与启动按钮并联连接。故选A。

同步练习

一、选择题

1．电动机直接启动时的启动电流较大，一般为额定电流的（　　）倍。

A．1~3　　　　B．2~4　　　　C．4~7　　　　D．1.5~2.5

2. 三相异步电动机直接启动的危害主要是指（　　）。

    A．启动电流大，使电动机绕组烧坏

    B．启动时功率因数低，造成很大浪费

    C．启动时启动转矩较低，无法带动负载启动

    D．启动时在线路上引起较大电压降，使同一线路上的负载无法正常工作

3. 连续与点动控制电路中，点动按钮的动断触点应与接触器的自锁触点（　　）。

    A．串接　　　　B．并接　　　　C．混接　　　　D．以上说法都可以

4. 在图2.3.6所示的电路中，能正确实现自锁运转的是（　　）。

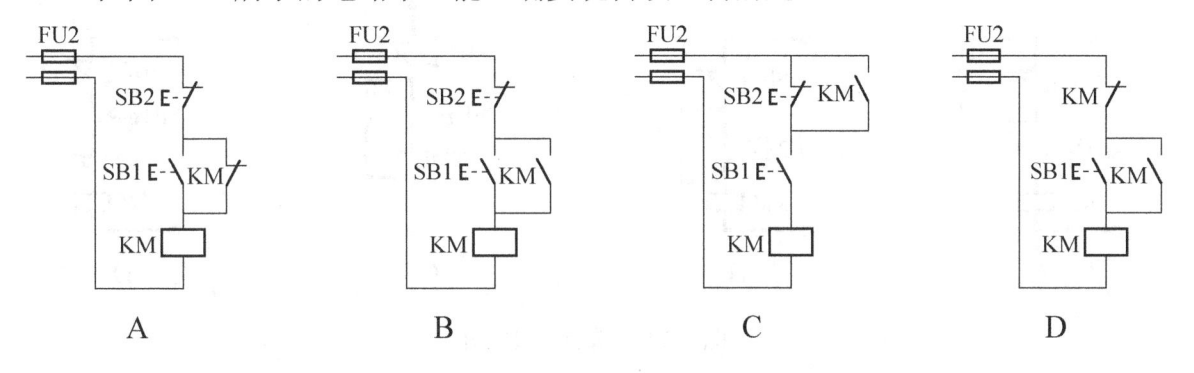

图 2.3.6　选择题 4 图

5. 在电气控制电路中，与启动按钮并联的接触器辅助动合触点具有（　　）作用。

    A．自锁　　　　B．互锁　　　　C．联锁　　　　D．多地点

6. 图2.3.7所示的电路都可实现点动与连续控制，但采用中间继电器实现的是（　　）。

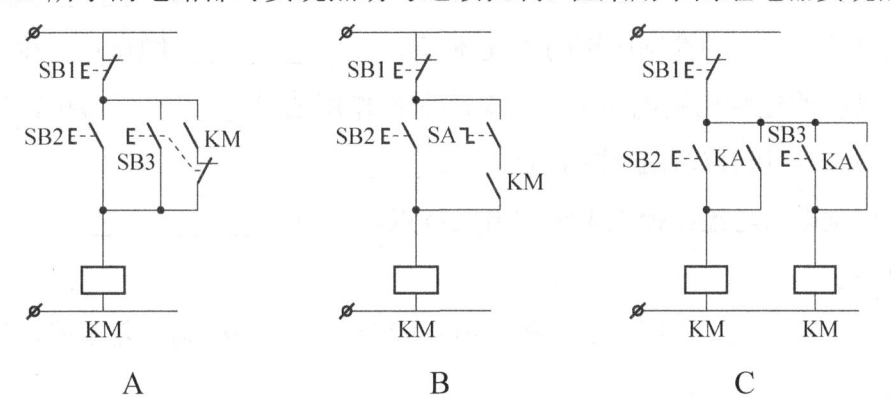

图 2.3.7　选择题 6 图

7. 接触器的自锁触点是一对（　　）。

    A．辅助动合触点　　B．辅助动断触点　　C．主触点　　　D．任意辅助触点

8. 在具有过载保护的接触器自锁控制电路中，实现过载保护的电器是（　　）。

    A．熔断器　　　　B．热继电器　　　　C．接触器　　　　D．电源开关

9. 图2.3.8所示的电气控制电路的辅助电路中，正常操作时KM线圈无法得电的是（　　）。

A　　　　　　　B　　　　　　　C　　　　　　　D

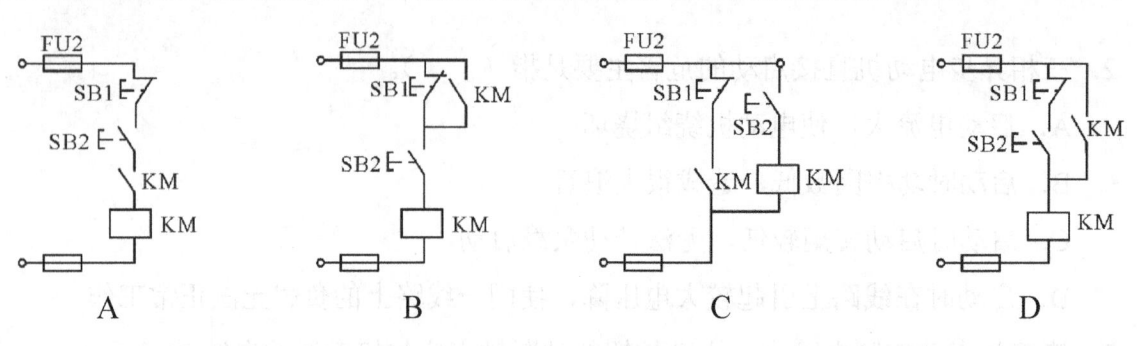

图 2.3.8　选择题 9 图

10．在图 2.3.9 所示的控制电路中，正常操作后会出现短路现象的是（　　）。

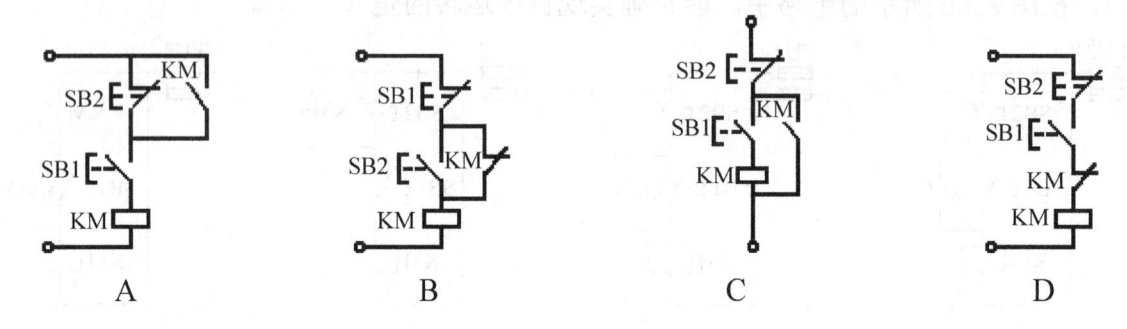

A　　　　　　　B　　　　　　　C　　　　　　　D

图 2.3.9　选择题 10 图

二、填空题

1．三相异步电动机的启动控制有直接启动和＿＿＿＿＿＿两种方式。

2．实现点动控制可以将点动按钮直接与接触器的＿＿＿＿＿串联。

3．依靠接触器自身的辅助触点而使线圈保持通电的现象称为＿＿＿＿＿＿。

4．电动机长动与点动控制区别的关键环节是＿＿＿＿＿＿触点是否接入。

5．在电动机的连续控制电路中，起短路保护作用的是＿＿＿＿，起过载保护作用的是＿＿＿＿，起零电压释放保护作用的是＿＿＿＿＿。

6．点动控制电路与连续控制电路的最大特点是取消了＿＿＿＿＿＿。

三、分析题

1．试分析判断图 2.3.10 所示的各控制电路能否实现点动控制。若不能，请改正。

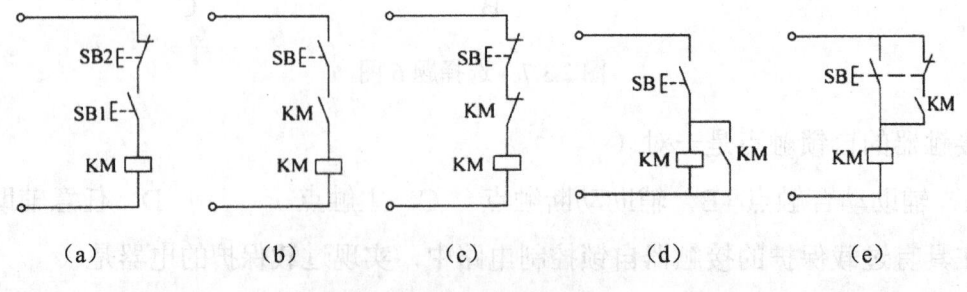

(a)　　　　(b)　　　　(c)　　　　(d)　　　　(e)

图 2.3.10　分析题 1 图

2．如图 2.3.11 所示的各控制电路能否实现自锁控制。若不能，请说明原因，并加以改正。

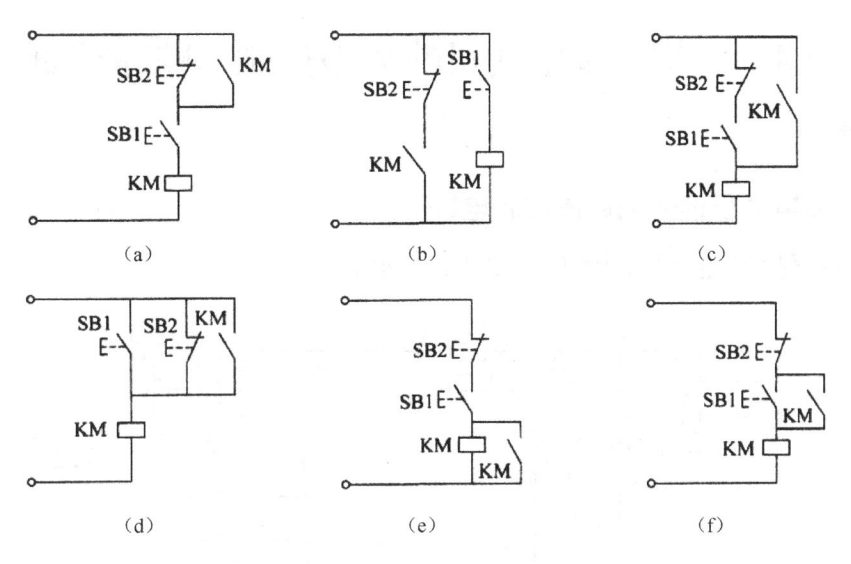

图 2.3.11 分析题 2 图

3．试分析图 2.3.12 所示的控制电路能否满足以下控制要求和保护要求。

（1）能实现单向启动和停止。

（2）具有短路、过载、欠电压和失电压保护。若电路不能满足以上要求，试加以改正，并按改正后的电路叙述其工作原理。

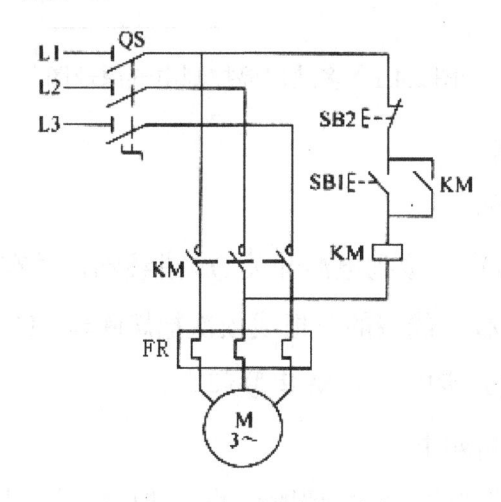

图 2.3.12 分析题 3 图

四、综合题

在鱼塘中安装一台小型抽水机，抽水机由一台小功率的三相异步电动机拖动，功能要求如下。

（1）按下启动按钮时，抽水机开始抽水。

（2）按下停止按钮时，抽水机停止抽水。

试设计出相应的继电器、接触器控制电气电路的主电路与控制电路。

2.4 三相异步电动机的多地控制与顺序控制

知识梳理

1. 三相异步电动机的多地启停控制电路

(1) 多地启停控制电气原理图如图 2.4.1 所示。

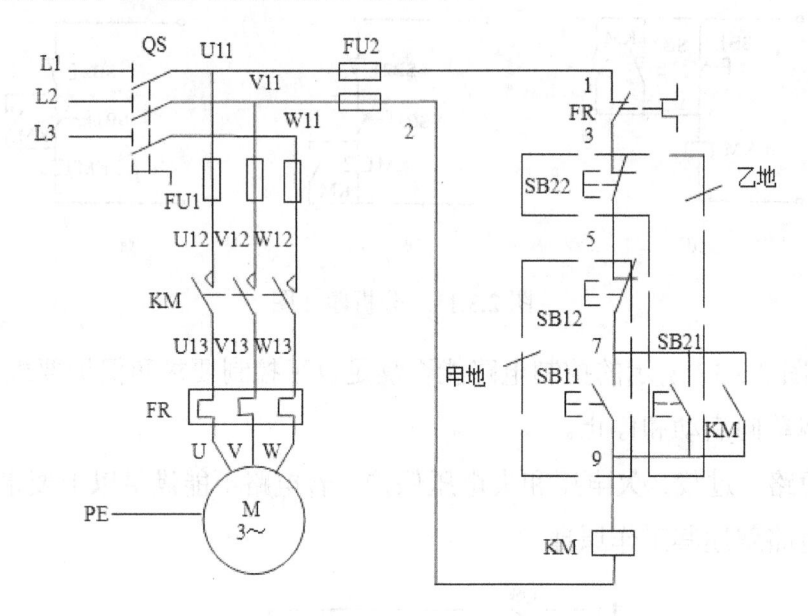

图 2.4.1 多地启停控制电气原理图

(2) 原理图的绘制思路。

① 主电路的绘制思路如下。

第一步：从三相电源取电，接到电源开关 QS 进线端，并在取电处标出 L1、L2、L3。

第二步：用电源开关 QS 出线端的三根线依次把熔断器 FU、接触器 KM 的主触点、热继电器 FR 的热元件、三相异步电动机 M 串联起来。

② 控制电路的绘制思路如下。

先画出连续控制电路原理图，然后把所有的启动按钮并联起来，停止按钮串联在主支路上。

(3) 特点：启动按钮并联起来，停止按钮串联起来。

2. 三相异步电动机的顺序控制电路

要求几台电动机的启动或停止按一定的先后顺序来完成的控制方式称为顺序控制。

1) 实现方式

顺序控制主电路实现顺序控制和控制电路实现顺序控制。控制电路实现顺序控制包括顺序启动同时停止控制；顺序启动逆序停止控制。

2) 顺序启动同时停止控制

(1) 顺序启动同时停止控制电气原理图如图 2.4.2 所示。

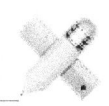

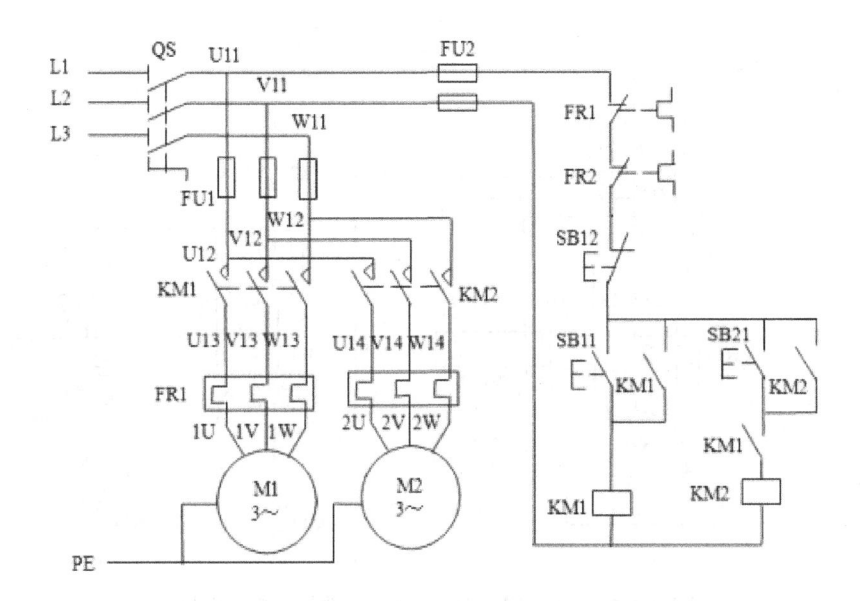

图 2.4.2　顺序启动同时停止控制电气原理图

（2）原理图的绘制思路。

① 主电路的绘制思路如下。

第一步：从三相电源取电，接到电源开关 QS 进线端，并在取电处标出 L1、L2、L3。

第二步：将电源开关 QS 出线端的三根线连接到熔断器 FU 的进线端。

第三步：从熔断器 FU 的出线端引出两组线，一组依次把接触器 KM1 的主触点、热继电器 FR1 的热元件、三相异步电动机 M1 串联起来；另一组依次把接触器 KM2 的主触点、热继电器 FR2 的热元件、三相异步电动机 M2 串联起来。

② 控制电路的绘制思路如下。

第一步：先分别画出电动机 M1、M2 的连续控制电路。

第二步：再把两个连续控制电路并联起来。

第三步：在后启动电动机 M2 对应的接触器 KM2 线圈上方串入先启动电动机 M1 对应接触器 KM1 的辅助动合触点，实现顺序启动。

第四步：把两个停止按钮合并共用一个，串联在主支路上，实现同时停止。

第五步：把保护措施加入进去，如过载保护（FR1、FR2）、短路保护（FU2）。

说明：若在两台或多台电动机中，其中任何一台出现过载故障，所有电动机均要停止的话，则将所有热继电器的动断触点串联起来接入主支路上；若是发生过载故障互不影响的话，则将热继电器动断触点串联在各自的线圈上方。

3）顺序启动逆序停止控制

（1）顺序启动逆序停止控制电气原理图如图 2.4.3 所示。

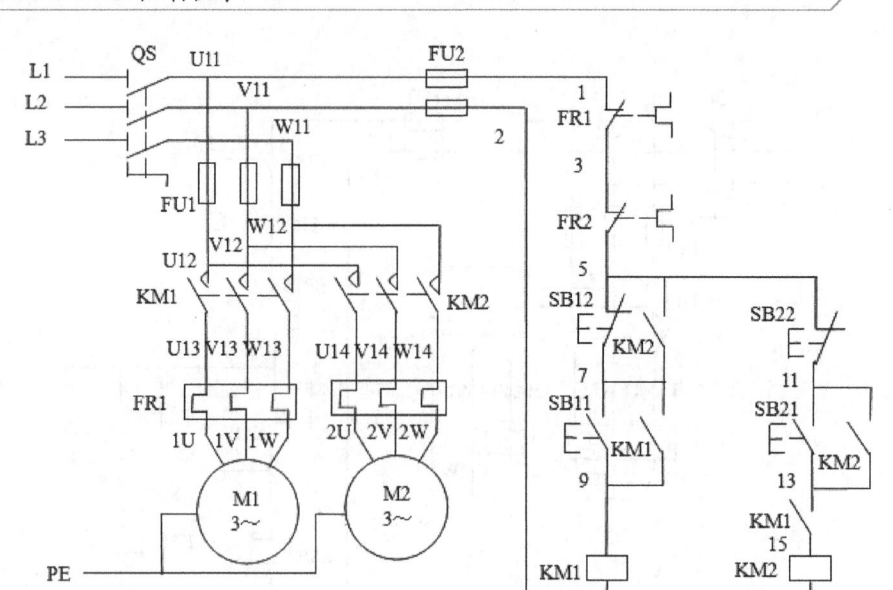

图 2.4.3　顺序启动逆序停止控制电气原理图

（2）原理图的绘制思路。

① 主电路的绘制思路如下。

第一步：从三相电源取电，接到电源开关 QS 进线端，并在取电处标出 L1、L2、L3。

第二步：将电源开关 QS 出线端的三根线连接到熔断器 FU 的进线端。

第三步：从熔断器 FU 的出线端引出两组线，一组依次把接触器 KM1 的主触点、热继电器 FR1 的热元件、三相异步电动机 M1 串联起来；另一组依次把接触器 KM2 的主触点、热继电器 FR2 的热元件、三相异步电动机 M2 串联起来。

② 控制电路的绘制思路如下。

第一步：先分别画出电动机 M1、M2 的连续控制电路。

第二步：再把两个连续控制电路并联起来。

第三步：在后启动电动机 M2 对应的接触器 KM2 线圈上方串入先启动电动机 M1 对应接触器 KM1 的辅助动合触点，实现顺序启动。

第四步：将电动机 M1 对应的停止按钮 SB12 与电动机 M2 对应接触器 KM2 的辅助动合触点并联，实现逆序停止。

第五步：把保护措施加入进去，如过载保护（FR1、FR2）、短路保护（FU2）。

说明： 若两台或多台电动机中，其中任何一台出现过载故障，所有电动机均要停止的话，则将所有热继电器的动断触点串联起来接入主支路上；若是发生过载故障互不影响的话，则将各自的热继电器动断触点串联在各自的线圈上方。

4）小结

（1）若要求接触器 KM1 动作后接触器 KM2 才能动作，则将接触器 KM1 的辅助**动合**触点串联在接触器 KM2 的线圈电路中。

（2）若要求接触器 KM1 动作后接触器 KM2 不能动作，则将接触器 KM1 的辅助**动断**

触点串接于接触器 KM2 的线圈电路中。

（3）若要求接触器 KM2 失电后，接触器 KM1 对应的停止按钮 SB11 才有效，则可以将接触器 KM2 的辅助动合触点与接触器 KM1 的停止按钮 SB11 并联连接。

经典例题解析

【例 1】 欲使接触器 KM1 动作后接触器 KM2 才能动作，需要（　　）。

A．在接触器 KM1 的线圈电路中串入接触器 KM2 的辅助动合触点

B．在接触器 KM1 的线圈电路中串入接触器 KM2 的辅助动断触点

C．在接触器 KM2 的线圈电路中串入接触器 KM1 的辅助动合触点

D．在接触器 KM2 的线圈电路中串入接触器 KM1 的辅助动断触点

【答案】：C

【解析】：本题考查的是学生对顺序控制规律的理解。根据顺序控制的规律本题应该选择 C 项。

【例 2】 在机床电气控制电路中采用两地分别控制，其按钮的连接规律是（　　）。

A．全为串联　　　　　　　　　　　B．启动按钮并联，停止按钮串联

C．全为并联　　　　　　　　　　　D．启动按钮串联，停止按钮并联

【答案】：B

【解析】：本题考查的是学生对多地控制规律的理解。多地控制规律是启动按钮并联，停止按钮串联。故选 B。

【例 3】 图 2.4.4 所示的各控制电路，能实现对主电路的什么控制功能？

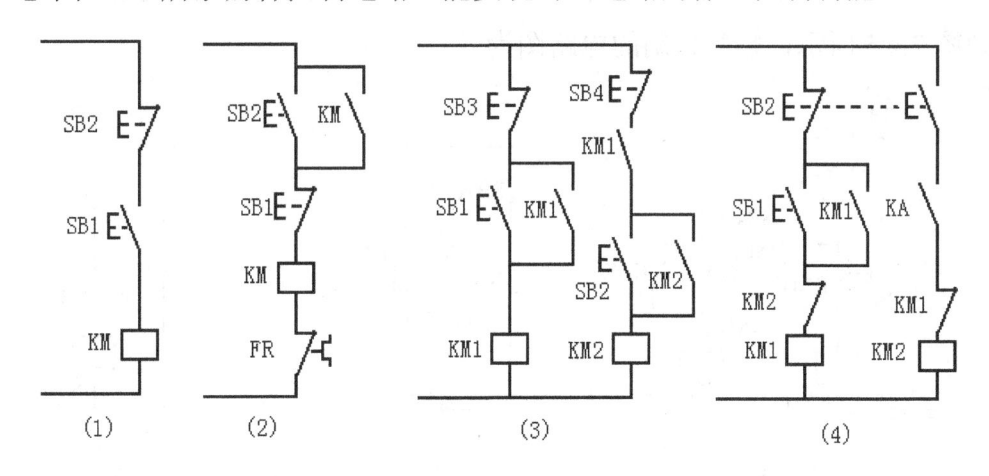

图 2.4.4　例 3 图

图（1）能实现对主电路的_____；

图（2）能实现对主电路的_____；

图（3）能实现对主电路的_____；

图（4）能实现对主电路的_____。

【答案】：点动控制　　连续控制　　顺序启动独立停止　　反接制动控制

【解析】：本题考查的是学生对控制电路的分析能力。图（1）中没有自锁触点，只能实现点动控制；图（2）中是典型的启保停控制电路，能实现连续控制；图（3）中接触器 KM2 线圈支路中串入了接触器 KM1 的辅助动合触点，而停止按钮 SB3 和 SB4 是独立的，所以可以实现顺序启动独立停止；图（4）中通过复合按钮 SB2，以及接触器 KM1 线圈与接触器 KM2 线圈中各自串入了对方的辅助动断触点，实现互锁；再有就是在接触器 KM2 线圈中串入了中间继电器 KA，只要用外力按压复合按钮 SB2 的时间够长，即可实现反接制动的功能。

同步练习

一、选择题

1．在具有过载保护的接触器自锁控制电路中，实现欠电压和失电压保护的电器是（　　）。

  A．熔断器 B．接触器 C．热继电器 D．电源开关

2．采用多地控制时，控制电路的启动按钮应并联，停止按钮应（　　）。

  A．串联 B．并联 C．混联 D．既有串联又有并联

3．欲使接触器 KM1 动作后接触器 KM2 不能动作，需要（　　）。

  A．在接触器 KM1 的线圈电路中串入接触器 KM2 的辅助动合触点

  B．在接触器 KM1 的线圈电路中串入接触器 KM2 的辅助动断触点

  C．在接触器 KM2 的线圈电路中串入接触器 KM1 的辅助动合触点

  D．在接触器 KM2 的线圈电路中串入接触器 KM1 的辅助动断触点

4．如图 2.4.5 所示，顺序控制的电路图为（　　）。

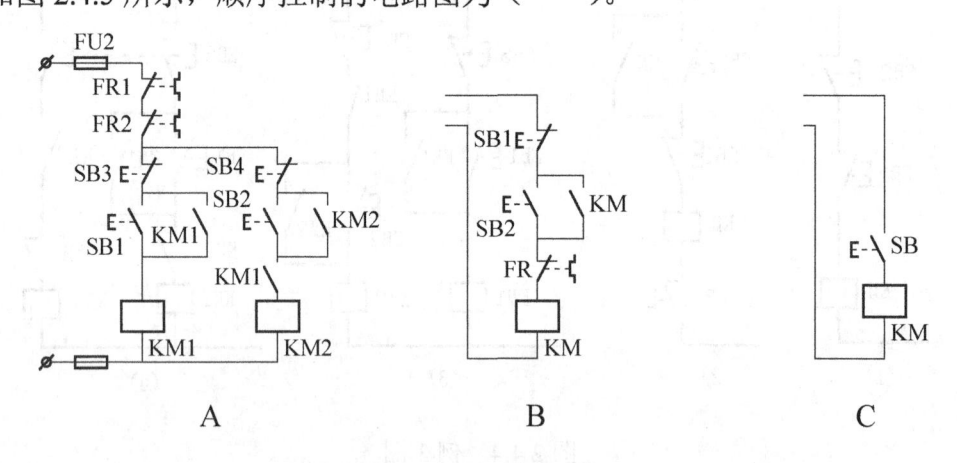

图 2.4.5　选择题 4 图

二、填空题

1．能在两地或多地控制同一台电动机的控制方式称为_____。

2．要想实现电动机的顺序控制可以通过_____来实现，也可以通过_____来实现。

3．若要求接触器 KM1 动作后接触器 KM2 才能动作，则将接触器 KM1 的辅助动合触点_____在接触器 KM2 的线圈电路中。

4．若要求接触器 KM1 动作后接触器 KM2 不能动作，则将接触器 KM1 的_____触点串接于接触器 KM2 的线圈电路中。

5．若要求接触器 KM2 失电后，接触器 KM1 对应的停止按钮才有效，则可以将接触器 KM2 的辅助动合触点与接触器 KM1 的停止按钮_____。

三、综合题

1．在鱼塘中安装一台小型抽水机，抽水机由一台小功率的三相异步电动机拖动，要求既能在甲地实现抽水机的启动和停止功能，也能在乙地实现抽水机的启动和停止功能。

试设计出采用继电器、接触器等电气控制元件的电动机的主电路与控制电路。

2．某磨床的冷却液滤清输送系统由三台电动机 M1、M2、M3 驱动。在控制上应满足下列要求。

（1）电动机 M1、M2 同时启动。

（2）电动机 M1、M2 启动后，电动机 M3 才能启动。

（3）停止时，电动机 M3 先停，隔 2s 后，电动机 M1 和 M2 再同时停止。

试根据上述要求，设计一个控制电路（主电路与控制电路）。

3．设计一个控制电路（主电路与控制电路），要求第一台电动机运行 3s 后，第二台电动机才能自行启动。第二台电动机运行 8s 后，第一台电动机停转，同时第三台电动机启动。第三台电动机运行 5s 后，电动机全部断电。

四、看图分析题

1．根据图 2.4.6 完成下面 5 个问题。

（1）电动机的控制启动和停止的特点是（　　）。

A．电动机 M2 先启动，再启动电动机 M1

B．电动机 M1 可以单独启动、停止

C．电动机 M2 可以单独启动、停止

D．两台电动机只能同时停止

（2）三相异步电动机 M1 的额定电流为 10A，电动机 M2 的额定功率是 90W，故熔断器 FU1 应选用（　　）。

A．10A　　　　B．25A　　　　C．70A　　　　D．100A

（3）热继电器在电动机中所起的保护作用是（　　）。

A．过载保护　　B．短路保护　　C．失电压保护　　D．欠电压保护

（4）在有过载保护的接触器自锁控制电路中，实现过载保护的电器是（　　）。

A．熔断器　　　B．热继电器　　C．接触器　　　D．电源开关

（5）并在按钮 SB11 两端的接触器 KM1 的辅助动合触点的作用是实现（　　），在接触器 KM2 线圈上的接触器 KM1 辅助动合触点的作用是实现（　　）。

A．自锁控制　　B．联锁控制　　C．顺序控制　　D．行程控制

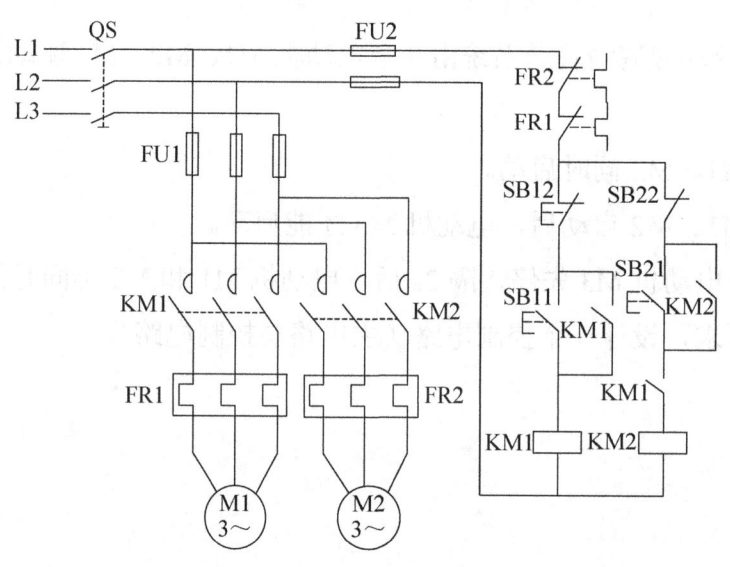

图 2.4.6　看图分析题 1 图

2．控制电路如图 2.4.7 所示，读图后请完成下列问题。

（1）该电路的名称为_____控制电路。

（2）写出图中符号所代表的元件的名称。

①QS：_____；　　②KM1、KM2：_____；

③FR1、FR2：_____；　　④SB1、SB2、SB3、SB4：_____；

⑤FU1、FU2：_____；　　⑥KT：_____。

（3）指出图示触点的作用。

①4—5 之间的 KM1：_____；　　②3—4 之间的 KM2：_____；

③9—10 之间的 KM1：_____；　　④8—9 之间的 KT：_____。

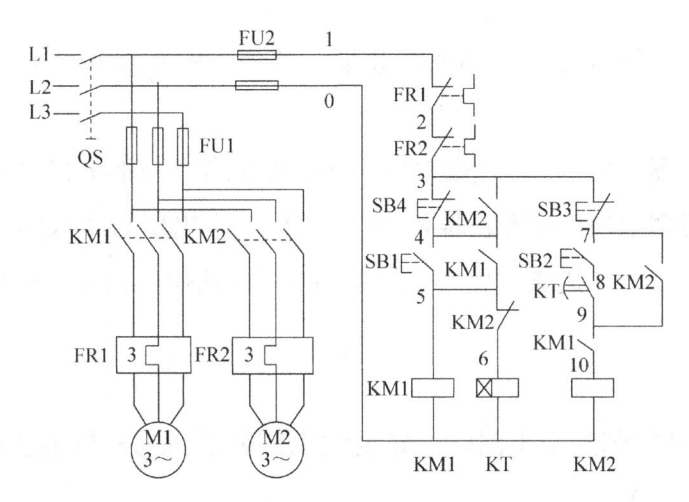

图 2.4.7 看图分析题 2 图

2.5 三相异步电动机的正反转控制

知识梳理

1. 三相异步电动机正反转控制电路

三相异步电动机的正反转控制电路当中常用的控制电路有接触器互锁正反转控制电路和接触器按钮双重互锁控制电路。

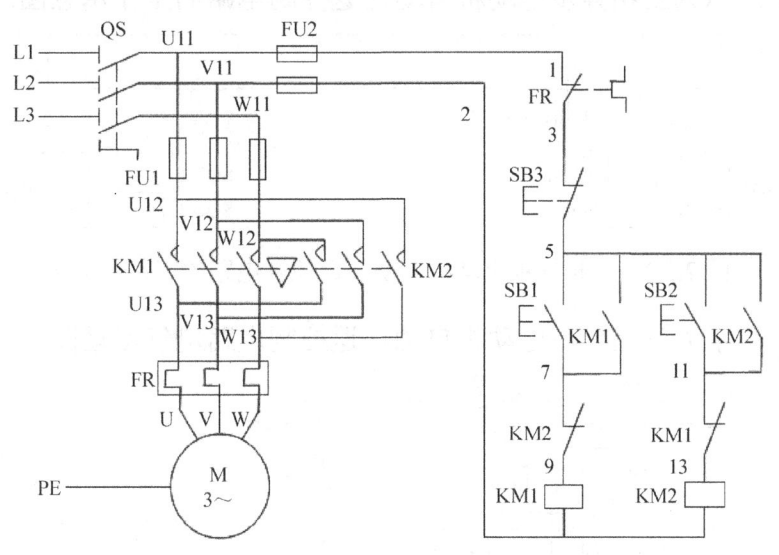

（1）三相异步电动机正反转控制电路电气原理图如图 2.5.1 所示。

图 2.5.1 三相异步电动机正反转控制电路电气原理图

（2）电气原理图绘制思路。

① 主电路的绘制思路如下。

第一步：给出电动机连续控制的主电路。

第二步：在连续控制主电路的接触器 KM1 的主触点处再并一个接触器 KM2 的主触点，并交换相序。

② 控制电路的绘制思路如下。

第一步：先分别绘出电动机 M 正转和反转的连续控制电路。

第二步：再把两个连续控制电路并联起来，并把正转和反转的停止按钮合并起来共用一个。

第三步：在接触器 KM1 和接触器 KM2 的线圈支路中分别串接对方的辅助动断触点，实现互锁，防止接触器 KM1 与接触器 KM2 同时得电而出现短路故障。

第四步：把保护措施加进去，如实现过载保护的热继电器 FR，实现短路保护的熔断器 FU2。

（3）小结。

① 在设计正反转控制的主电路时一定要注意接触器 KM1 与接触器 KM2 线路连接上的相序问题（交换相序）。

② 将接触器 KM1、接触器 KM2 的动断触点串接在对方的线圈电路中，形成相互制约的控制，从而避免发生电源短路的故障。利用接触器辅助动断触点相互制约的控制，称为电气互锁。

③ 接触器联锁正反转控制电路的优点是工作安全可靠，缺点是操作不便。当电动机从正转变为反转时，必须在按下停止按钮后，才能按反转启动按钮，否则会因为接触器的联锁作用，不能实现反转。

2．三相异步电动机自动往返控制电路

（1）图 2.5.2 所示为三相异步电动机自动往返控制电路的工作示意图。

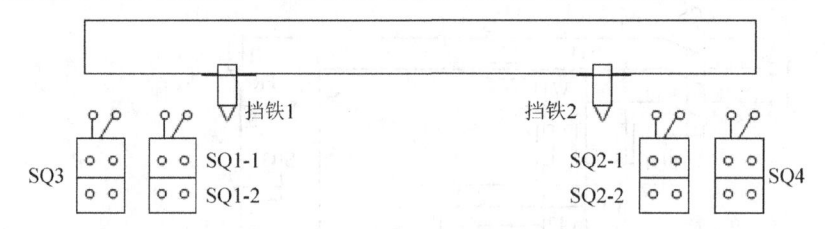

图 2.5.2　三相异步电动机自动往返控制电路的工作示意图

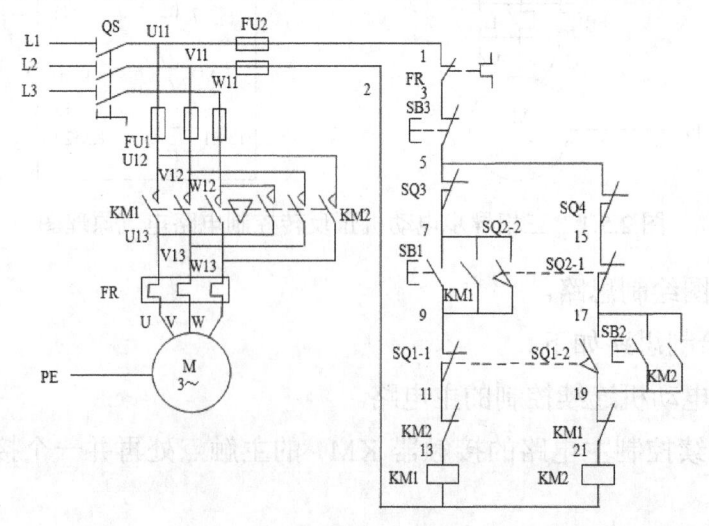

（2）图 2.5.3 所示为三相异步电动机自动往返控制电路电气原理图。

图 2.5.3　三相异步电动机自动往返控制电路电气原理图

（3）电气原理图绘制思路。

① 主电路的绘制思路如下。

第一步：给出电动机连续控制的主电路。

第二步：在连续控制主电路的接触器 KM1 的主触点处再并一个接触器 KM2 的主触点，并交换相序。

② 控制电路的绘制思路如下。

第一步：分别绘出电动机 M 正转和反转的连续控制电路。

第二步：将把两个连续控制电路并联起来。

第三步：在接触器 KM1 和接触器 KM2 的线圈支路中分别串接对方的辅助动断触点，实现互锁，防止接触器 KM1 与接触器 KM2 同时得电而出现短路故障。

第四步：结合工作示意图，把实现自动左移行程开关 SQ2-2 的动合触点与启动按钮 SB1 并联，把停止自动左移行程开关 SQ1-1 的动断触点串联在左移支路上（**假设接触器 KM1 实现左移**）。

第五步：结合工作示意图，把实现自动右移行程开关 SQ1-2 的动合触点与启动按钮 SB2 并联，把停止自动右移行程开关 SQ2-1 的动断触点串联在右移支路上（**假设接触器 KM2 实现右移**）。

第六步：结合工作示意图，把左移和右移的极限保护开关 SQ3、SQ4 分别串接在接触器 KM1、KM2 支路中。

第七步：加入一个总的停止按钮 SB3 和保护措施，如实现过载保护的热继电器 FR，实现短路保护的熔断器 FU2。

经典例题解析

【**例 1**】（2016 高考题）在三相鼠笼式异步电动机的正反转控制电路中，为了避免主电路的两相电源短路采取的措施是（　　）。

A．自锁　　　　B．互锁　　　　C．接入熔断器　　D．接入热继电器

【**答案**】：B

【**解析**】：本题考查的是学生对互锁的理解。利用接触器辅助动断触点相互制约的控制，称为电气互锁。所以为了避免正反转主电路中两相电源出现短路的情况，可以在对方的线圈中串入互锁触点来达到目的。故选 B。

【**例 2**】（2017 高考题）某设备需要对三相异步电动机进行正反转控制。控制要求如下：设有正转、反转和停止三个按钮；具有正反转互锁功能；可正转停止反转，或反转停止正转直接转换；具有短路和过载保护。

试设计采用继电器、接触器等电气控制元件的电动机的主电路与控制电路。

【**解答**】：满足要求的电路图如图 2.5.4 所示。

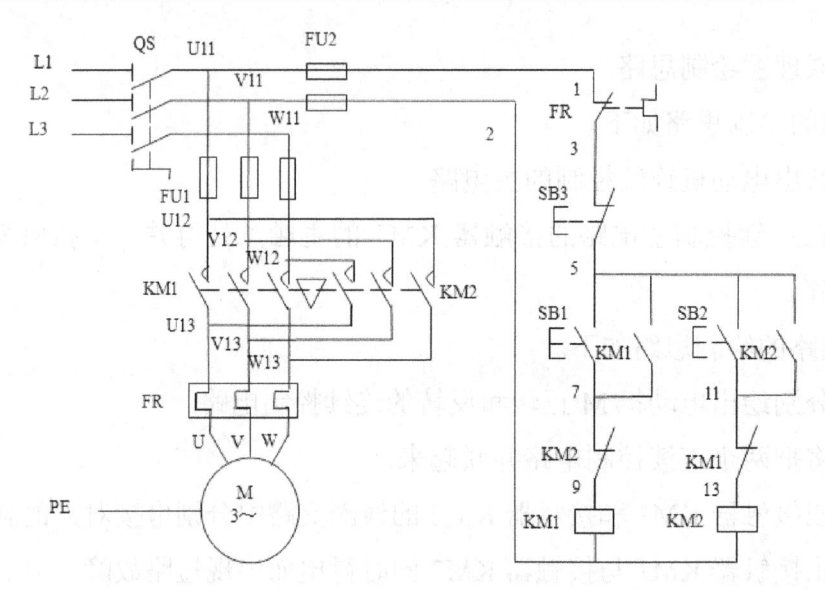

图 2.5.4　例 2 图

【解析】：本题主要考查学生对正反转控制电路的设计能力。

同步练习

一、选择题

1. 在接触器联锁正反转控制电路中，为避免出现两相电源短路事故，必须在正反转控制电路中分别串接（　　）。

   A．联锁触点　　　B．自锁触点　　　C．主触点　　　D．辅助触点

2. 接触器、按钮双重联锁正反转控制电路使电动机从正转变为反转时，正确操作方法是（　　）。

   A．可直接按下反转启动按钮

   B．必须先按下停止按钮，再按下反转启动按钮

   C．可直接按下正转启动按钮

   D．必须先给电动机断电

3. 按钮联锁控制的电动机正反转电路，最大的缺点是（　　）。

   A．使用不便　　　　　　　　　　B．容易发生电源短路

   C．元件寿命短　　　　　　　　　D．成本高

4. 甲、乙两个接触器，若欲实现互锁控制，则应（　　）。

   A．在甲接触器的线圈电路中串入乙接触器的辅助动断触点

   B．在乙接触器的线圈电路中串入甲接触器的辅助动断触点

   C．在两接触器的线圈电路中互串对方的辅助动断触点

   D．在两接触器的线圈电路中互串对方的辅助动合触点

5. 在电气控制系统中，最常用且最可靠的正反转控制电路是（　　）。

   A．倒顺开关　　　　　　　　　　B．接触器联锁

   C．按钮联锁　　　　　　　　　　D．接触器、按钮双重联锁控制电路

6. 在图 2.5.5 所示的控制电路中，正常操作时能够实现正反转的是（　　）。

　　　　A　　　　　　　　B　　　　　　　　C　　　　　　　　D

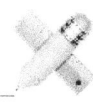

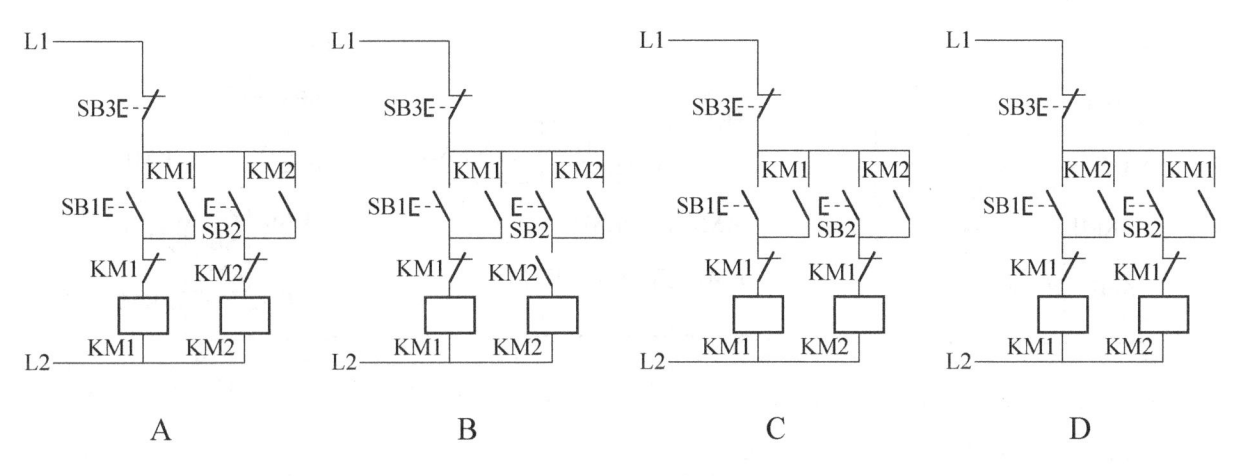

图 2.5.5　选择题 6 图

7．在电气控制电路中，要求两台电动机不能同时运行，对此我们可以采取的措施是（　　）。

　　A．自锁　　　　B．互锁　　　　C．接入接触器　　　D．接入热继电器

8．在由位置控制实现的自动循环线路中，一般都应有____对位置开关，它们的作用分别是____和____。（　　）

　　A．1　位置控制　自动控制　　　　B．2　位置控制　限位保护

　　C．2　限位保护　自动控制　　　　D．1　自动控制　循环控制

二、填空题

1．要使三相异步电动机反转，就必须改变通入电动机定子绕组的_____，只要把接入电动机三相电源进线中的任意_____相对调接线即可。

2．在控制电路中，利用接触器辅助动断触点相互制约的控制，称为_____。

3．为了避免正反转接触器同时得电动作，电路中必须采取_____措施。

4．在接触器联锁的正反转控制电路中，实现过载保护的是_____。

5．生产机械运动部件在正、反两个方向运动时，一般要求电动机能实现_____控制。

三、分析题

1．试分析判断图 2.5.6 所示的主电路或控制电路能否实现正反转控制。若不能，试说明其原因。

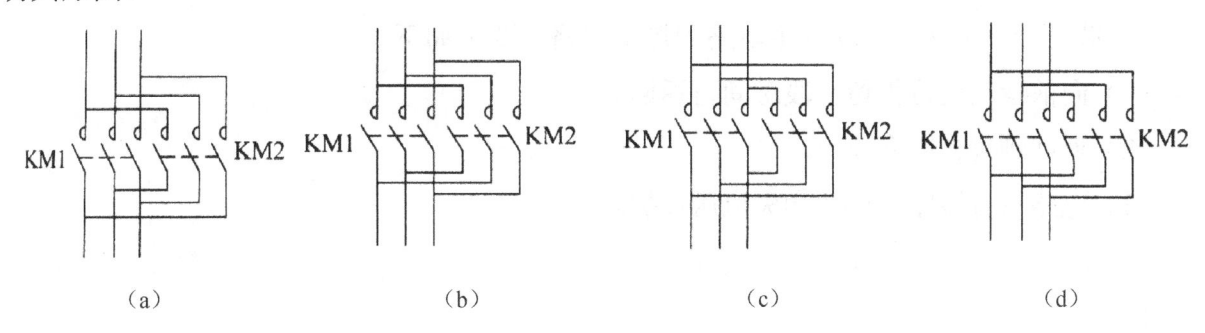

　　（a）　　　　　　（b）　　　　　　（c）　　　　　　（d）

图 2.5.6　分析题 1 图

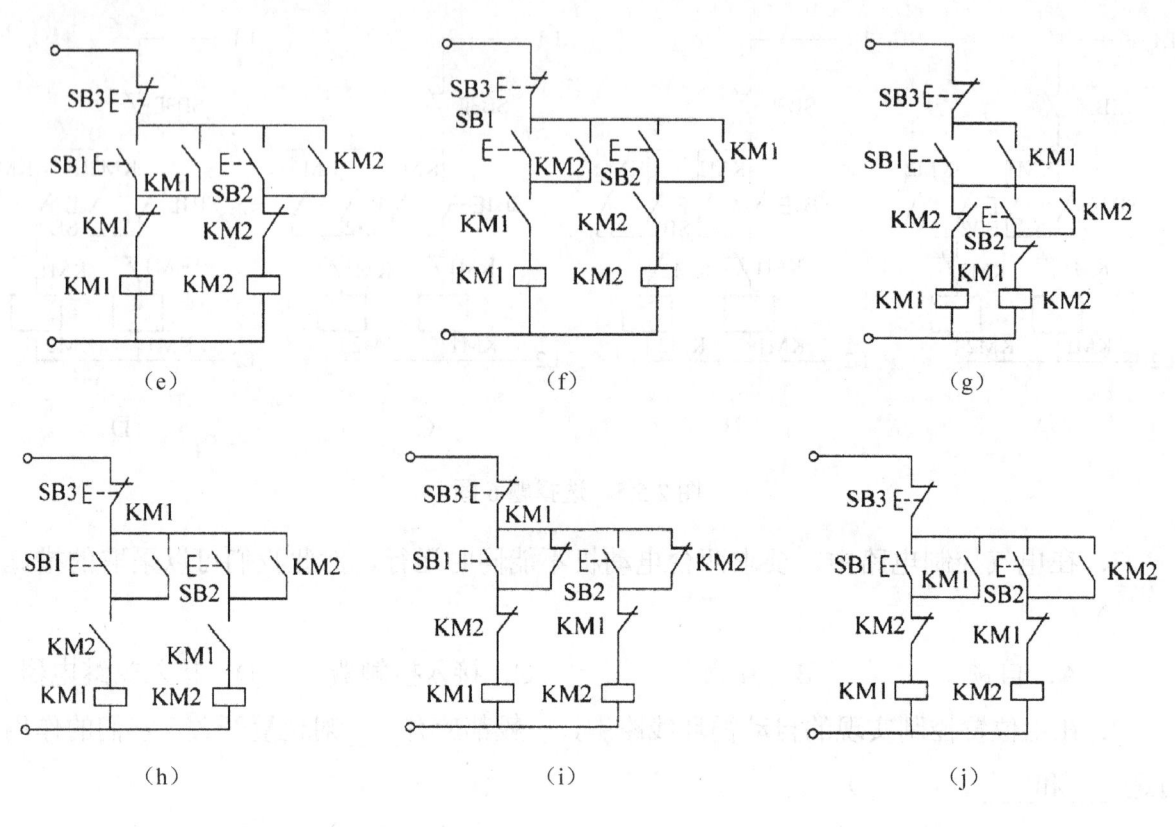

图 2.5.6　分析题 1 图（续）

2．试指出图 2.5.7 所示的控制电路中哪些电气元件起联锁作用？各电路有什么优缺点？

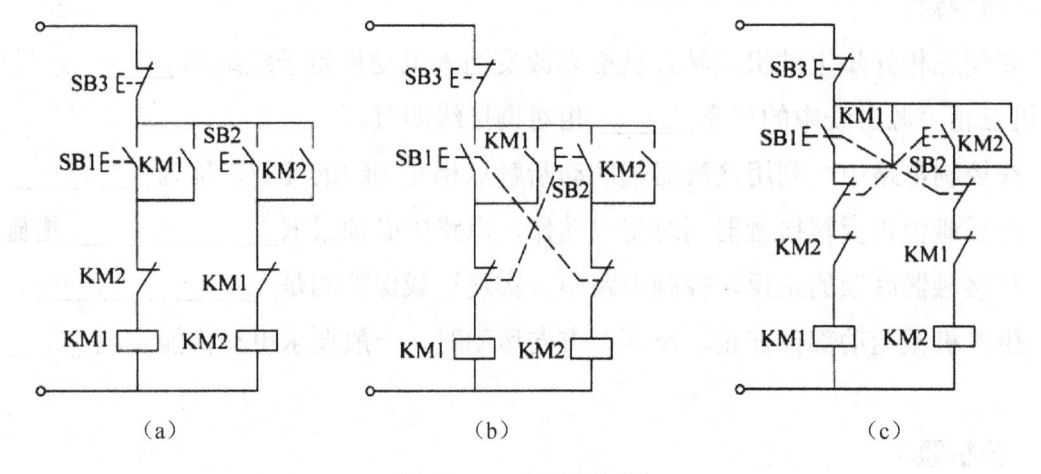

图 2.5.7　分析题 2 图

四、综合题

1．试设计一个往返运动的主电路和控制电路。要求如下。

（1）向前运动到位停留一段时间再返回。

（2）返回到位立即向前。

（3）电路具有短路、过载和失电压保护。

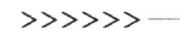

2．设计三相异步电动机正反转控制电路。设计要求如下。

（1）电路具有正反转互锁功能。

（2）从正转到反转，或从反转到正转时，可直接转换。

（3）具有短路、长期过载保护。

设计并绘出采用继电器、接触器等电气控制元件的电动机的主电路和控制电路。

2.6 三相异步电动机降压启动控制电路

知识梳理

1．降压启动的概念

启动时用降低加在定子绕组上电压的方法来减小启动电流，当启动过程结束后，再使电压恢复到额定运行，这种启动方法叫降压启动。

2．降压启动的目的

降压启动的目的是限制电动机的启动电流。

3．降压启动的方式

降压启动的方式主要包括定子绕组串电阻降压启动、自耦变压器降压启动、Y-△降压启动和延边三角形降压启动。

1）定子绕组串电阻降压启动

定子绕组串电阻降压启动不受电动机接线形式的限制，控制电路简单。电动机启动时，定子绕组串电阻，实现降压启动；启动结束后，再将电阻短接，使电动机进入全压运行。图 2.6.1 所示为采用时间继电器实现的串电阻降压启动控制电气原理图。

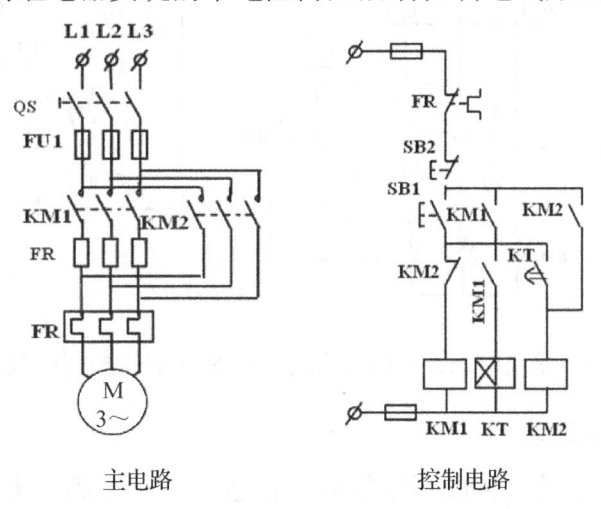

图 2.6.1　采用时间继电器实现的串电阻降压启动控制电气原理图

2）自耦变压器降压启动

自耦变压器降压启动不受电动机接线形式的限制。电动机启动时，定子绕组加上自耦变压器的二次电压；启动结束后，切除自耦变压器，定子绕组加上额定电压，使电动机进入全压运行。图 2.6.2 所示为采用时间继电器实现的自耦变压器降压启动控制电气原理图。

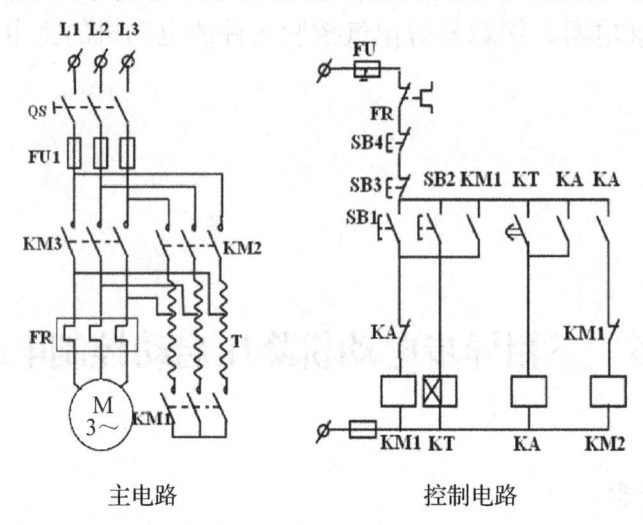

图 2.6.2 采用时间继电器实现的自耦变压器降压启动控制电气原理图

3）Y-△降压启动

正常运行时，定子绕组接成△形的三相异步电动机，常采用 Y-△降压启动。启动时，定子绕组先为 Y 形连接。待转速升到接近额定转速时，将定子绕组恢复△形连接，使电动机进入全压运行。图 2.6.3 所示为采用时间继电器实现的 Y-△降压启动控制电气原理图。

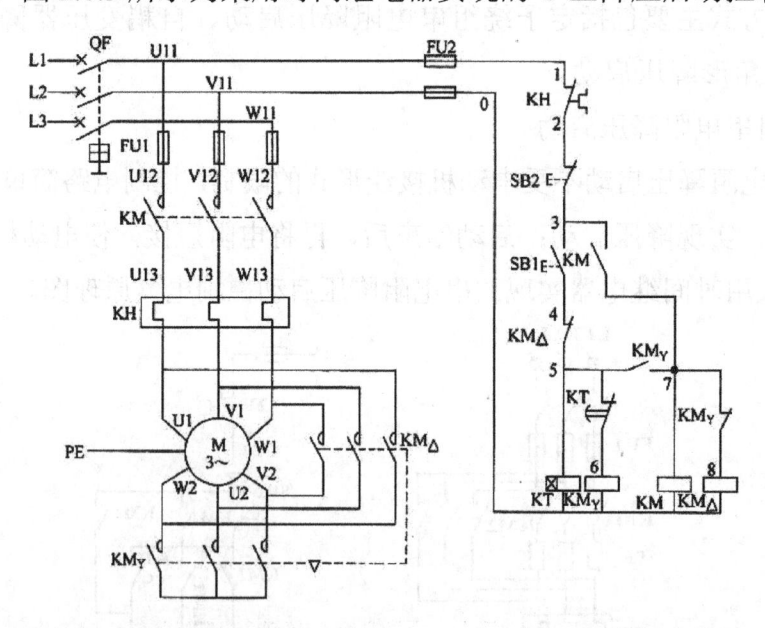

图 2.6.3 采用时间继电器实现的 Y-△降压启动控制电气原理图

4）延边三角形降压启动

延边三角形降压启动是一种既不增加启动设备，又能得到较大启动转矩的降压启动方式，但它只适用于有 9 个线头的 JO3 系列异步电动机。其控制方式为：在电动机启动时将

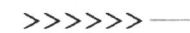

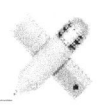

定子绕组连接成延边三角形,用以减小启动电流;待启动完毕再将定子绕组接成三角形,使电动机进入全压运行。图 2.6.4 所示为采用时间继电器实现的延边三角形降压启动控制电气原理图。

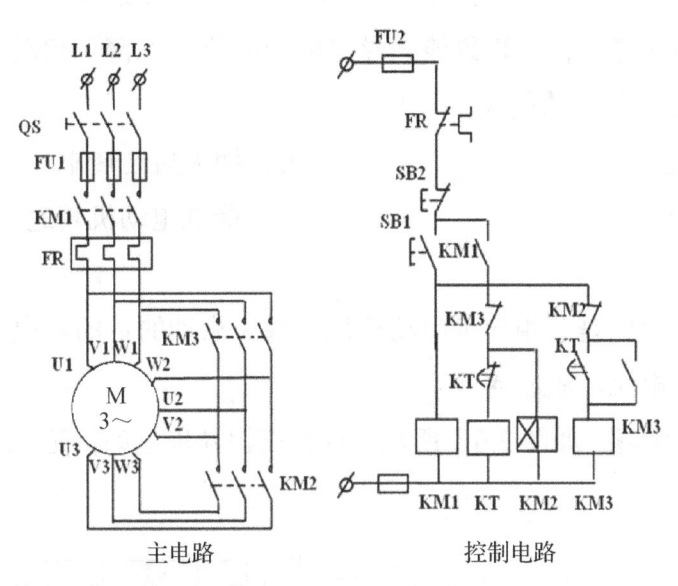

图 2.6.4 采用时间继电器实现的延边三角形降压启动控制电气原理图

三相异步电动机各种启动方式的比较如表 2.6.1 所示。

表 2.6.1 三相异步电动机各种启动方式的比较

启动方式	使用场合	特　点
直接启动	电动机容量小于 10kW	控制电路简单,启动电流大
自耦变压器降压启动	电动机容量较大,要求限制对电网的冲击电流,不频繁启动	启动转矩大,加速平稳,损耗低,设备较庞大,成本高,且正常运行时自耦变压器仍带电
定子绕组串电阻降压启动	电动机容量不大,启动不频繁且要求平稳	启动转矩较小,加速平稳,电路简单,电阻损耗大,适合轻载启动
Y-△降压启动	电动机正常工作时为△连接,空载或轻载启动	启动电流小 $I_{stY}=\dfrac{1}{3}I_{st\triangle}$,启动转矩小 $T_{stY}=\dfrac{1}{3}T_{st\triangle}$
延边三角形降压启动	电动机正常工作时为△连接,要求启动转矩较大	启动电流、启动转矩较大,电动机下线复杂,成本高
软启动		根据负载要求实现无级平滑启动
转子绕组串电阻降压启动	只适合绕线式异步电动机	可以改善启动性能,减小启动电流,增加启动转矩

经典例题解析

【例1】(2009 高考题)(2015 高考题)额定功率为 110kVA 的三相鼠笼式异步电动机为水泵提供动力,最佳的启动方式是(　　)。

　　A．串电阻降压启动　　　　　　　　　B．调压器降压启动
　　C．Y-△降压启动　　　　　　　　　　D．直接启动

【答案】：B

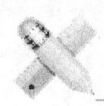

【解析】：本题考查的是学生对几种降压启动方式的理解。题目中要求的是 110kVA 三相异步电动机的最佳启动方式，综合分析 A、B、C、D 四个选项，可知选 B。

【例2】（2016 高考题）在三相鼠笼式异步电动机的 Y-△降压启动控制电路中，电动机定子绕组接为 Y 形启动的目的是（　　）。

A．降低启动电流　　　　　　　　B．增大启动转矩

C．增大启动电流　　　　　　　　D．降低电动机转速

【答案】：A

【解析】：本题考查的是三相异步电动机采用降压启动的目的。电动机降压启动的目的为限制电动机的启动电流。故选 A。

【例3】（2012 高考题）如图 2.6.5 所示，具有三相异步电动机延边三角形降压启动的电路是（　　）。

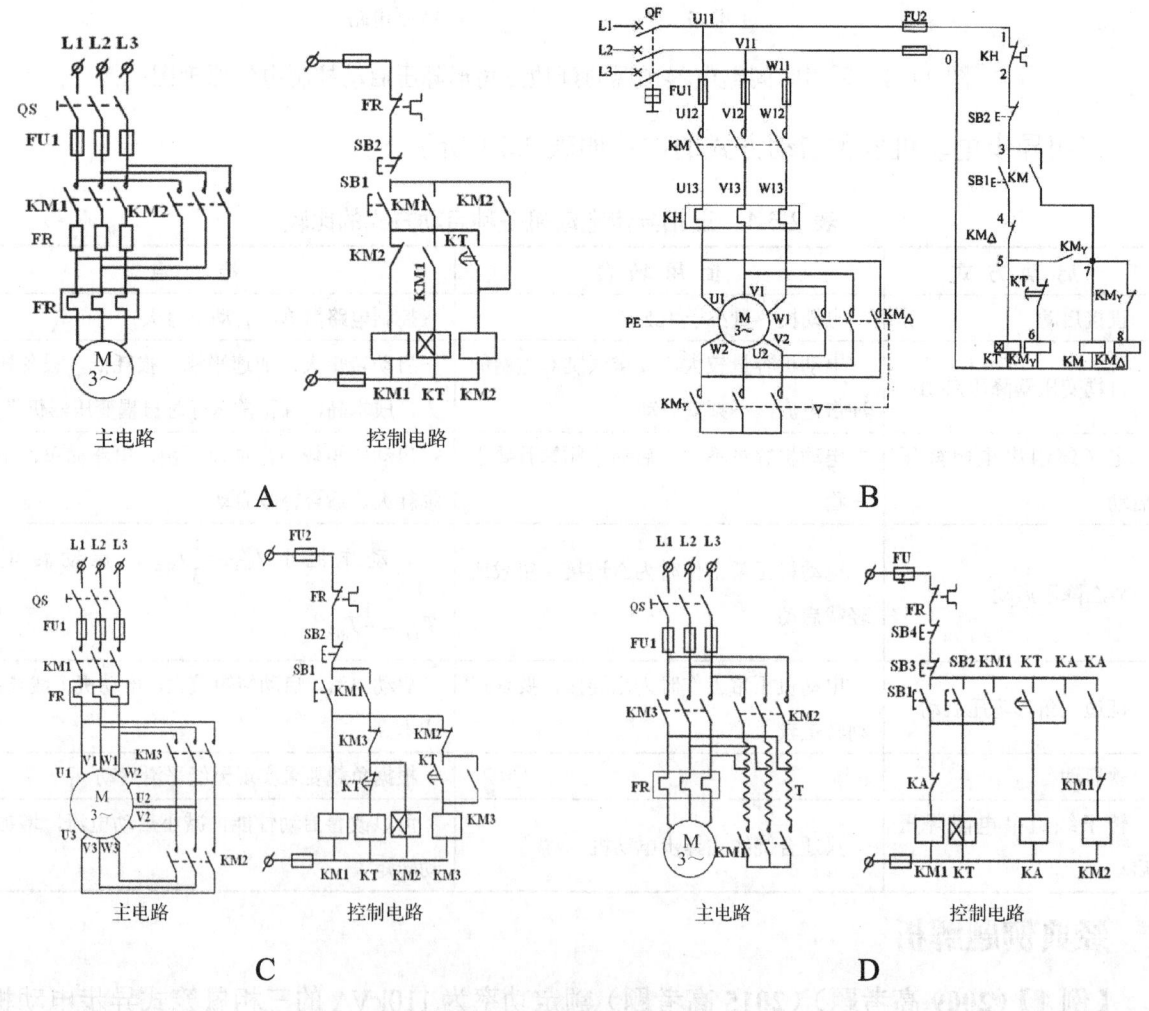

图 2.6.5　例3 图

【答案】：C

【解析】：本题考查的是学生对三相异步电动机四种降压启动方式的理解。题中 A 项采

取的启动方式是定子绕组串电阻降压启动；B 项采取的降压启动方式是 Y-△降压启动；C 项采取的降压启动方式是延边三角形降压启动；D 项采取的降压启动方式是自耦变压器降压启动。故选 C。

【例 4】（2014 高考题）三相异步电动机常用的降压启动方式有：定子绕组串电阻或电抗降压启动、自耦变压器降压启动、_____和延边三角形降压启动。

【答案】：Y-△降压启动

【解析】：本题考查的是三相异步电动机降压启动方式的种类。我们学过的常用的降压启动方式有定子绕组串电阻降压启动、Y-△降压启动、延边三角形降压启动和自耦变压器降压启动。根据题意可知答案应该填 Y-△降压启动。

同步练习

一、选择题

1．（2012 年嘉兴市高等职业技术教育招生第二次模拟考试）三相异步电动机进行降压启动的主要目的是（　　）。

　　A．降低定子绕组上的电压　　　　B．限制启动电流

　　C．降低启动转矩　　　　　　　　D．防止电动机转速失控

2．在三相鼠笼式异步电动机的 Y-△降压启动控制电路中，电动机定子绕组接为 Y 形是为了实现电动机的（　　）启动。

　　A．降压　　　B．升压　　　C．增大电流　　　D．减小阻抗

3．Y-△降压启动电路中，Y 形接法的启动电压为△形接法启动电压的（　　）。

　　A．$1/\sqrt{3}$　　　B．$1/\sqrt{2}$　　　C．$1/3$　　　D．$1/2$

4．不属于三相鼠笼式异步电动机启动方式的是（　　）。

　　A．直接启动　　　　　　　　　　B．Y-△降压启动

　　C．自耦变压器降压启动　　　　　D．转子绕组串电阻降压启动

5．鼠笼式异步电动机的启动方式中可以频繁启动的是（　　）。

　　A．自耦变压器降压启动　　　　　B．Y-△降压启动

　　C．延边三角形降压启动　　　　　D．三种都可以

6．下列哪种方法既能降低启动电流又能增大启动转矩。（　　）

　　A．Y-△降压启动　　　　　　　　B．自耦变压器降压启动

　　C．定子绕组串电阻降压启动　　　D．转子绕组串电阻降压启动

7．关于三相异步电动机的 Y-△降压启动，下列说法不正确的是（　　）。

　　A．只用于鼠笼式三相异步电动机　　B．只用于正常工作采用△形接法的电动机

　　C．绕线式异步电机不能采用此用法　　D．这种接法要求供电系统必须有中线

8．若某鼠笼式三相异步电动机的额定电压为 220/380，接法为△/Y，则电动机 Y-△降

压启动时加在定子绕组上的相电压为（　　）。

  A．220V   B．380V   C．127V   D．110V

9．绕线式异步电动机转子绕组为了串接启动变阻器方便，一般采用（　　）。

  A．△形接法 B．Y形接法 C．△或Y形接法 D．延边三角形接法

10．下列哪种方法既能降低启动电流又能增大启动转矩。（　　）

  A．Y-△降压启动   B．自耦变压器降压启动

  C．定子绕组串电阻降压启动 D．转子绕组串电阻降压启动

二、填空题

1．三相异步电动机常用的降压启动方式有：_____启动、_____启动、_____启动、_____启动等。

2．在机床电控中，短路保护用_____；过载保护用_____；过电流保护用_____。

3．三相鼠笼式异步电动机采用Y-△降压启动时，启动电流是直接启动电流的_____倍，此方式只能用于定子绕组采用_____接法的电动机。

4．当电动机容量较大，启动时产生较大的启动电流，会引起电网电压下降，因此必须采用_____的方法。

5．正常运行时，定子绕组接成△形的三相异步电动机，常用_____启动方法。

6．自耦变压器降压启动电路中，当电路处于正常运行时，它的不足之处是_____。

7．采用Y-△降压启动的电动机在正常运行时，电动机定子绕组是_____连接的。

8．延边三角形降压启动是一种既不增加启动设备，又能得到_____的降压启动方式，但它只适用于有_____个线头的JO3系列异步电动机。

9．（2008高考题）在生产中，应用广泛的是_____自动控制的Y-△降压启动电路。

三、设计题

设计鼠笼式异步电动机定子绕组串电阻降压启动的电气控制电路。要求如下。

（1）电动机转速接近额定转速时，将串接电阻短接（用时间继电器控制）。

（2）有短路和过载保护。

试画出主电路和控制电路。

2.7 三相异步电动机的电气制动控制电路

知识梳理

三相异步电动机从切断电源到完全停转，由于惯性的作用，总要经过一段时间，为了能迅速停止及准确定位，这就要求对电动机进行强制停车，即制动。常用的制动方式有机械制动和电气制动。

1．机械制动

机械制动是利用电磁铁或液压操纵机械抱闸机构，使电动机快速停转的方法。机械制动分为电磁离合器制动和电磁抱闸制动。

2．电气制动

电气制动实质上是使电动机产生一个与原转子的转动方向相反的制动转矩。电气制动分为反接制动、电容制动、能耗制动和再生制动。

1）反接制动

（1）通过改变电动机三相电源的相序，使电动机定子绕组产生的旋转磁场方向与转子旋转方向相反。

（2）特点：电路简单；制动电流很大，制动效果好，但制动过程中有机械冲击，故适用于不频繁制动、电动机容量不大的设备，如铣床、镗床和中型车床的主轴制动。

（3）因制动电流很大，制动时需要在定子电路（鼠笼）或转子电路（绕线）中串入电阻，用以限制电流。单向反接制动控制电气原理如图2.7.1所示。

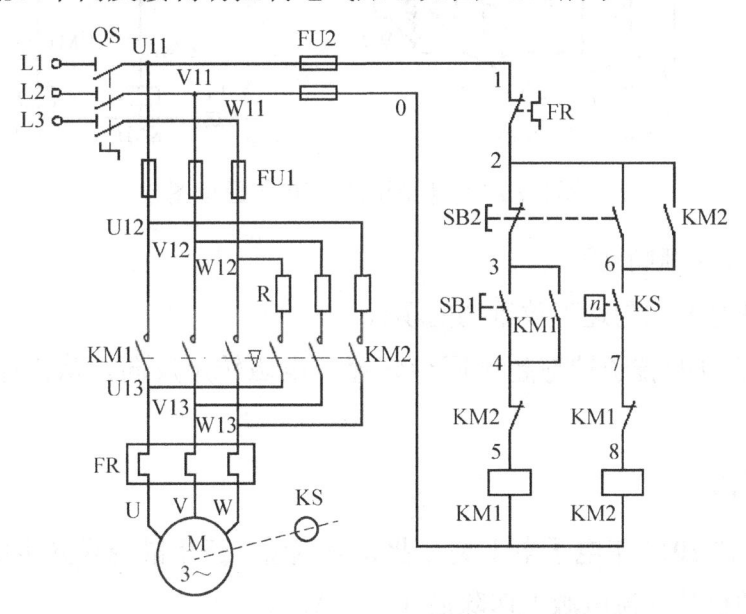

图2.7.1　单向反接制动控制电气原理

强调：在反接制动过程中，因电动机定子绕组产生的旋转磁场方向与转子旋转方向相反。为了防止电动机反向启动，常在电路中加入速度继电器来检测电动机转速的变化。并对速度继电器进行调整，在电动机转速大于**120r/min**时速度继电器触点动作，而当电动机转速小于**100r/min**时，速度继电器触点复位。

2）电容制动

切断三相异步电动机的交流电源后,在定子绕组上接入电容,转子内剩磁切割定子绕组产生感应电流,向电容充电,充电电流在定子绕组中形成磁场,磁场与转子感应电流相互作用,达到制动的目的。

3）能耗制动

(1) 能耗制动是指电动机断开三相交流电源后,迅速给定子绕组加入直流电源,以产生静止磁场,起阻止旋转的作用,待转子转速接近零时再切除直流电源,达到制动的目的。

(2) 特点：制动准确、平稳、能耗小,但制动转矩小,故适用于要求制动准确平稳的设备,如磨床、组合机床的主轴制动。

(3) 一般取直流电源为电动机空载电流的3~4倍,电流过大会使定子过热。

(4) 直流电源串接的电阻 RP 用于调节制动电流的大小。能耗制动控制电气原理图如图 2.7.2 所示。

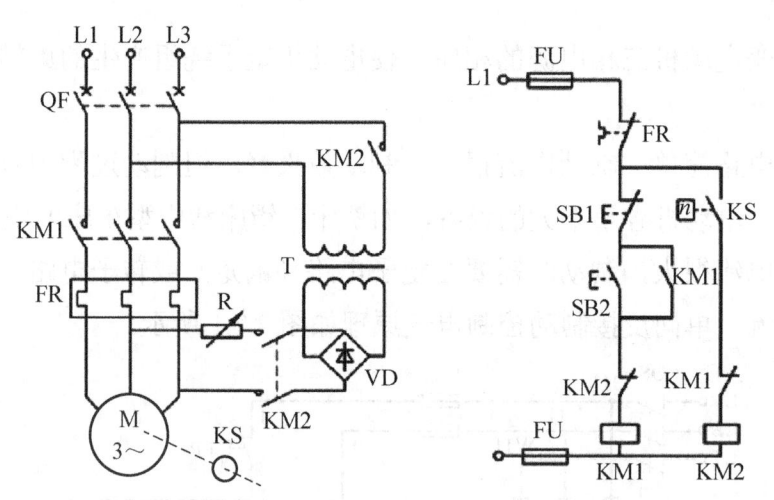

图 2.7.2　能耗制动控制电气原理图

4）再生制动（回馈制动）

(1) 用于高速且要求匀速下放重物的场合。

(2) 异步电动机的转子转速超过同步转速,电磁转矩反向,从而驱动转矩变为制动转矩。

✔ 经典例题解析

【例1】（浙江省2012年电子电工类专业联考试卷）三相鼠笼式异步电动机能耗制动是将正在运转的电动机从交流电源上切除后（　　）。

A. 在定子绕组中串入电阻　　　　　　B. 在定子绕组中通入直流电流
C. 重新接入反相序的电源　　　　　　D. 以上说法都正确

【答案】：B

【解析】：本题考查的是学生对能耗制动原理的理解。能耗制动是指电动机断开三相交流电源后,迅速给定子绕组加入直流电源,以产生静止磁场,起阻止旋转的作用,待转子

转速接近零时再切除直流电源，达到制动的目的。故选 B。

【例 2】（嘉兴市 2013 年高等职业技术教育招生第一次模拟考试）下列不是三相异步电动机电气制动方法的是（　　）。

A．反接制动　　　　B．再生制动　　　　C．能耗制动　　　　D．电磁抱闸制动

【答案】：D

【解析】：本题考查的是学生对电气制动方法的掌握情况。电动机的制动分为机械制动和电气制动，而电气制动包括反接制动、再生制动、电容制动和能耗制动。A、B、C、D 四个选项中 D 项属于机械制动。故选 D。

【例 3】（2018 高考题）三相异步电动机常用的几种制动方式中，具有制动电流大、制动效果显著、机械冲击大等特点的制动方式是_____。

【答案】：反接制动

【解析】：本题考查的是反接制动的特点。反接制动的特点是电路简单、制动电流很大、制动效果好，但制动过程中有机械冲击，故适用于不频繁制动、电动机容量不大的设备，如铣床、镗床和中型车床的主轴制动。

同步练习

一、选择题

1．电气制动实质上是使电动机产生一个与原转子转动方向（　　）的制动转矩。

　　A．相反　　　　B．相同　　　　C．都可以　　　　D．不确定

2．能耗制动是指电动机断开三相交流电源后，迅速给（　　），以产生静止磁场，起阻止旋转的作用，待转子转速接近于零时再切除电源，达到制动的目的。

　　A．转子绕组加入直流电源　　　　B．转子绕组加入交流电源
　　C．定子绕组加入直流电源　　　　D．定子绕组加入交流电源

3．能耗过程中一般取直流电流为电动机空载电流的（　　）倍，电流过大会使定子过热。

　　A．0.95～1.05　　B．3～4　　　C．4～7　　　D．1.5～2.5

4．下列选项中哪个是三相异步电动机能耗制动的特点。（　　）

　　A．制动准确、平稳、能耗大　　　　B．制动准确、平稳、能耗小
　　C．制动转矩大　　　　　　　　　　D．制动迅速

5．能耗制动因制动转矩小，故适用于要求制动准确、平稳的设备，如组合机床、_____ 等的主轴制动。

　　A．中型车床　　B．镗床　　　C．铣床　　　D．磨床

6．在三相异步电动机的制动过程中，当电动机转速接近零时应迅速切断三相电源，否则电动机将反向启动，为此采用 _____ 来检测电动机转速的变化。

　　A．热继电器　　B．接触器　　C．速度继电器　　D．时间继电器

7．三相异步电动机反接制动的优点是（　　）。

A．制动平稳　　　B．能耗较小　　　C．制动迅速　　　D．定位准确

8．下列选项中哪个是三相异步电动机反接制动的特点。（　　）

A．制动电流大，效果显著　　　　B．制动准确、平稳、能耗小

C．制动转矩小　　　　　　　　　D．无机械冲击

9．反接制动因制动过程中有机械冲击，故适用于不频繁制动、电动机容量不大的设备，如镗床、（　　）、中型车床的主轴制动。

A．车床　　　B．组合机床　　　C．铣床　　　D．磨床

10．在切断三相异步电动机的交流电源后，在定子绕组上接入电容，来达到制动的目的，这种方式属于（　　）。

A．能耗制动　　　B．电容制动　　　C．反接制动　　　D．再生制动

11．在实际生产中，若生产设备要求快速停车时，一般应采用的制动方式为（　　）。

A．电源反接制动　　B．能耗制动　　　C．再生制动　　　D．倒拉反接制动

12．（2017年嘉兴市高职考第一次模拟考试）当电动机切断交流电源后，立即在___的任意两相中加入___，迫使电动机迅速停转的方法叫能耗制动。（　　）

A．定子绕组　交流电源　　　　B．定子绕组　直流电源

C．转子绕组　交流电源　　　　D．转子绕组　直流电源

13．为了使运行的异步电动机实现准确停车，应选用的制动方法是（　　）。

A．反接制动　　　B．能耗制动　　　C．再生制动　　　D．电容制动

二、填空题

1．三相鼠笼式异步电动机的制动方法一般采用机械制动和电气制动，其中电气制动有：_____制动、_____制动、_____制动、_____制动。

2．能耗制动过程中，在直流电源中串接的电阻RP用于调节_____的大小。

3．反接制动是通过改变电动机三相电源的相序，使电动机定子绕组产生的旋转磁场方向与转子旋转方向_____，产生制动，使电动机转速迅速下降。

4．反接制动时常用速度继电器来检测制动过程中电动机转速的变化，一般将速度继电器的触点动作速度设定大于_____r/min，复位速度设定小于_____r/min。

5．三相异步电动机的制动电路中串入制动电阻的目的是_____。

6．电容制动是在切断三相异步电动机的交流电源后，在定子绕组上接入_____，来达到制动的目的。

7．电气控制系统中常用的保护措施有_____保护、过电流保护、过载保护、失电压保护、欠电压保护、过电压保护及弱磁保护等。

8．在过电流保护中，过电流的动作值为启动电流的_____倍。

9．在反接制动设施中，为保证电动机的转速被制动到接近_____时，能迅速切断电源，防止反向启动，常利用_____来自动地切断电源。

三、设计题

1. 画出一台电动机启动后经过一段时间，另一台电动机才自行启动的主电路和控制电路。

2. 画出两台电动机能同时启动和同时停止，并能分别启动和分别停止的主电路与控制电路。

3. 设计一个鼠笼式电动机的控制电路，要求如下。
（1）既能点动又能连续运行。
（2）停止时采用反接制动。

4. 某生产机械要求由 M1、M2 两台电动机拖动，M2 能在 M1 启动一段时间后自动运行，并且 M1、M2 可单独控制启动、停止。试设计其主电路与控制电路。

5. 试设计某机床主轴电动机的主电路和控制电路。要求如下。
（1）启动方式采用 Y-△降压启动。
（2）电动机的制动方式为反接制动。
（3）电路具有短路、过载和失电压保护。

6. 电气控制电路如图 2.7.3 所示，仔细读图后完成下列问题。

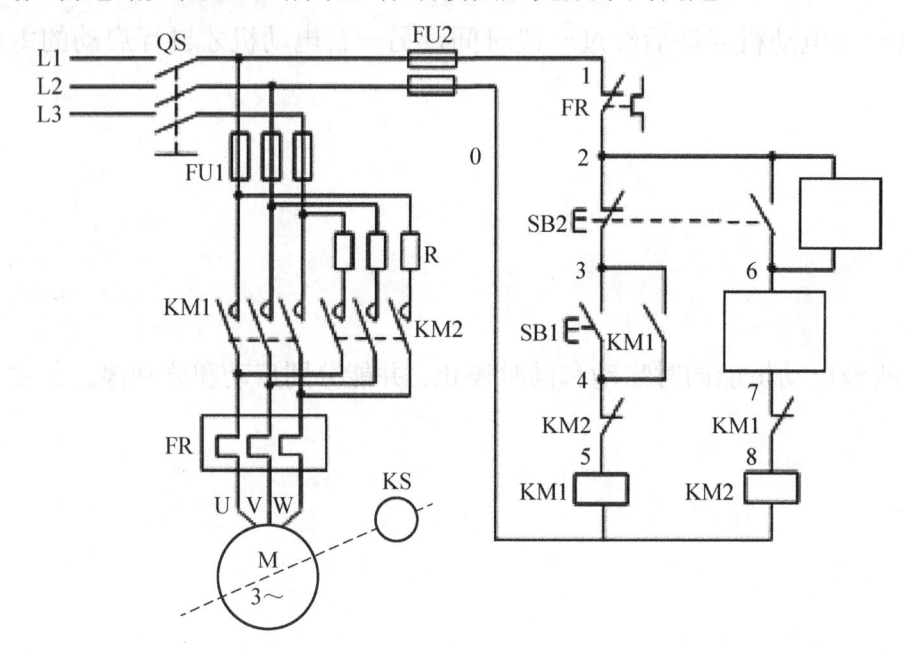

图 2.7.3 设计题 6 图

（1）该电路的名称：_____。

（2）在原理图的 2 个方框内正确补全电路从而使电路功能完善。

（3）将下表所列元件的作用填入表中的对应位置。

序 号	元 件 名 称	作 用
1	接触器 KM1 的主触点	
2	接触器 KM2 的主触点	
3	热继电器 FR 的热元件	
4	接触器 KM1 的辅助动断触点	
5	电阻 R	

（4）在实际安装接线过程中，每个接线端子（俗称"线桩"或"桩头"）上只允许接一至两根线，因此"2 号线"至少有_____根线。

2.8 电气控制电路中的保护措施

知识梳理

保护措施

1）短路保护

（1）保护元件：熔断器、断路器。

（2）由于热惯性的原因，热继电器不会受到电动机短路时过载冲击电流或短路电流的影响而瞬时动作，所以在使用热继电器作过载保护的同时，还必须有短路保护。

（3）作短路保护的熔断器熔体的额定电流不能大于 4 倍热继电器热元件的额定电流。

2）过载保护

保护元件：热继电器。

3）过电流保护

过电流保护就是当电流超过预定最大值时，使保护装置动作的一种保护方式。

（1）过电流保护广泛用于直流电动机或绕线式异步电动机。

（2）在直流电动机和绕线式异步电动机控制电路中，过电流继电器起短路保护的作用，一般过电流的动作值为启动电流的 1.2 倍。

4）零电压及欠电压保护

（1）电源电压过低时，若负载不变，则会造成电动机电流增大，引起电动机发热，甚至烧坏，故采用欠电压保护。

（2）为了防止电网失电后恢复供电时电动机自行启动的保护叫作零电压保护。

经典例题解析

【例 1】（2014 高考题）在电气控制电路中，不可缺少的保护措施有短路保护、＿＿＿＿＿＿＿、零电压及欠电压保护。

【答案】：过载保护

【解析】：本题考查的是电气控制电路中常用的保护措施。电气控制电路中常用的保护措施有过载保护、短路保护、零电压及欠电压保护等。

同步练习

一、选择题

1．常用的过载保护元件是（　　）。

    A．熔断器　　　　B．接触器　　　　C．热继电器　　　　D．断路器

2．作短路保护的熔断器熔体的额定电流不能＿＿＿＿＿＿＿热继电器热元件的额定电流。（　　）

    A．大于 4 倍　　　B．小于 4 倍　　　C．等于 4 倍　　　D．小于或等于 4 倍

3．在直流电动机和绕线式异步电动机控制电路中，过电流继电器起＿＿＿＿＿的作用。（　　）

    A．短路保护　　　　　　　　　　B．过载保护

    C．继相保护　　　　　　　　　　D．欠电压或失电压保护

4．在电动机的控制电路中，零电压保护的功能是（　　）。

    A．防止电源电压降低烧坏电动机

    B．电源停电时报警

    C．防止停电后再恢复供电时电动机自行启动

    D．防止电动机转速太低

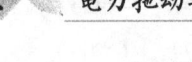

二、填空题

1. 电气控制系统中常用的保护措施有_____、_____、_____和弱磁保护等。

2. 常用的短路保护元件有_____和_____等。

3. 因热惯性的原因，在电气控制电路中，热继电器作过载保护的同时，还必须有_____保护。

4. 常用的过载保护元件有_____。

5. 在直流电动机和绕线式异步电动机控制电路中，过电流继电器起_____保护的作用，一般过电流的动作值为启动电流的_____倍。

6. 电源电压过低时，若负载不变，则会造成电动机电流增大，引起电动机发热，甚至烧坏，故采用_____保护。

7. 为了防止电网失电后恢复供电时电动机自行启动的保护叫作_____保护。

8. 过电流保护广泛用于直流电动机或_____异步电动机。

第二部分

可编程控制技术

第 3 章 可编程控制器的基本概况

3.1 可编程控制器简介

知识梳理

1. 可编程控制器的概述

可编程控制器简称 PC，为了和个人计算机的简称区分开，所以在很多书中对可编程控制器仍用以前的简称（PLC）。世界上公认的第一台 PLC 产生于 1969 年，由美国数字设备公司（DEC）研制。随着电子技术的快速发展，目前市面上主要流行的 PLC 有日本的三菱、欧姆龙、立石，德国的西门子，法国的施耐德，瑞士的 ABB 等。常用 PLC 外观图如图 3.1.1 所示。

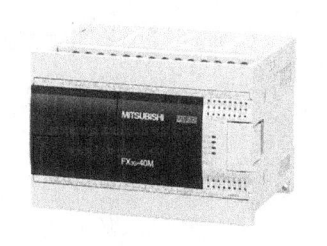

三菱 PLC 　　　　　　西门子 PLC 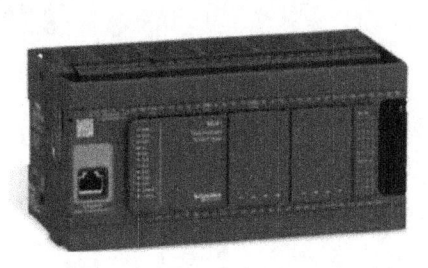　　　　　　施耐德 PLC

图 3.1.1　常用 PLC 外观图

2. 可编程控制器的功能及特点

（1）可靠性高，抗干扰能力强；循环扫描的工作方式，所以能在很大程度上减少软故障的发生。

（2）通用性强，控制程序可变，使用方便。

（3）功能强，适用范围广。

（4）编程简单，易用易学。

（5）安装简单，维修方便。

3. 可编程控制器的应用与发展

（1）顺序控制：PLC 最早的一种应用方式，也是它应用最多的领域，如啤酒、饮料灌装生产线、汽车装配生产线、各类家电生产线、电梯控制。

（2）运动控制：如金属切削机床、金属成形设备、装配设备、机器人和电梯等。

（3）过程控制：如加热炉、热处理炉和锅炉等。

（4）数据控制：PLC 具有数据处理能力。

（5）通信和联网。

（6）其他：PLC 还有许多特殊功能模块，适用于各种特殊控制的要求，如定位控制模块、CRT 模块。

4．可编程控制器的分类及性能指标

1) 可编程控制器的分类

（1）根据 PLC 的 I/O 点数和存储容量分类有小型 PLC、中型 PLC、大型 PLC。

小型 PLC 的 I/O 点数在 256 点以下，用户程序存储器容量为 2K 字以下。其中 1KB=1024B，存储一个 1 或 0 的二进制码称 1 位（bit），1B=8bit、一个字（步）为 16 位。

中型 PLC 的 I/O 点数在 256～2048 点之间，用户程序存储器容量为 2～8K 步。

大型 PLC 的 I/O 点数在 2048 点以上，用户程序存储器容量为 8K 步以上。大型 PLC 的软、硬件功能极强，具有极强的自诊断功能。

（2）按结构形状分有整体式和模块式。

整体式 PLC 结构紧凑、体积小、重量轻且价格低，I/O 点数固定，使用不灵活，一般安装在导轨上，一般小型 PLC 采用这种结构。

模块式 PLC 配置灵活、装配方便、便于扩展，一般中型和大型 PLC 采用这种结构。

（3）按 PLC 功能的强弱分为低档机、中档机和高档机。

2) 可编程控制器的性能指标

（1）I/O 点数：指 PLC 的外部输入、输出端子数。PLC 的输入、输出有开关和模拟量两种。

（2）PLC 编程元件的种类和点数：包括辅助继电器、特殊继电器、定时器、计数器和移位寄存器等。

（3）用户程序存储器：PLC 的用户程序存储器用于存储通过编程器编入的用户程序，其容量一般以"步"为单位（16 位二进制数为 1"步"，或称为"字"）。

（4）扫描时间：指 PLC 执行一次解读用户程序所需要的时间，一般情况下用粗略指标表示，即用每执行 1000 条指令所需要的时间来估算。

（5）编程语言及指令功能：三菱 PLC 常用编程语言有梯形图语言、指令语句表语言、逻辑图语言及某些高级语言。目前用得最多的是梯形图语言、指令语句表语言。三菱 PLC 指令分为基本指令和扩展指令。

（6）工作环境：一般 PLC 的工作温度为 0～55℃，最高为 60℃；储藏温度为-20～+85℃；相对湿度为 5%～95%。空气条件为周围不能混有可燃性、易爆性和腐蚀性气体。

（7）耐振动、冲击性能：一般 PLC 能承受的振动和冲击频率为 10～55Hz，振幅为 0.5mm，加速度为 2g，冲击为 10g，其中 g≈10m/s^2。

✓ 经典例题解析

【例1】（2019 年一轮联考）第一台 PLC 产生的时间是（　　）。

A．1967 年　　B．1968 年　　C．1969 年　　D．1970 年

【答案】：C

【解析】：本题考查学生对PLC产生情况的了解。世界上公认的第一台PLC产生于1969年，由美国数字设备公司（DEC）研制。故选C。

【例2】（2018二轮联考试卷）PLC最重要的一项技术指标是_____。

【答案】：I/O点数

【解析】：本题考查学生对PLC主要性能指标的掌握情况。PLC的性能指标中I/O点数是一项最重要的技术指标。

【例3】（2014高考题）PLC常用的编程语言有梯形图语言、指令语句表语言、_____和高级语言等。

【答案】：逻辑图语言

【解析】：本题考查学生对PLC编程语言的掌握情况。PLC常用的编程语言有梯形图语言、指令语句表语言、逻辑图语言和高级语言等。

同步练习

一、选择题

1．PLC具有哪些优点。（　　）（多选题）
    A．可靠性高，抗干扰能力强　　　　B．通用性强，控制程序可变，使用方便
    C．功能强，适用范围广　　　　　　D．编程简单，易用易学

2．PLC在程序执行过程中是采用的（　　）方式。
    A．顺序扫描，间断循环　　　　　　B．顺序扫描，不断循环
    C．随机扫描，不断循环　　　　　　D．随机扫描，间断循环

3．根据I/O点数和存储容量，PLC可分为（　　）。（多选题）
    A．小型PLC　　B．中型PLC　　C．大型PLC　　D．超大型PLC

4．按功能的强弱，PLC可分为（　　）。（多选题）
    A．低档机　　B．中档机　　C．中高档机　　D．高档机

5．中型PLC的I/O点数是在（　　）点之间。
    A．256～2048　　B．255～2048　　C．255～2048　　D．256～1023

6．大型PLC的用户程序存储容量是在（　　）。
    A．2～8K字节　　B．8K字节以上　　C．8K步以上　　D．8K步以下

7．一台PLC的存储器容量为1000步，由此可知这台PLC的存储器容量有（　　）字节。
    A．1K　　B．4K　　C．3K　　D．2K

8．PLC的扫描时间一般用一个粗略指标表示，即用每执行（　　）条指令所需要的时间来估算，通常为10ms左右，也有用ms/K步为单位表示。
    A．1000　　B．1500　　C．2000　　D．100

二、填空题

1. 由于 PLC 采用的是_____的工作方式，所以能在很大程度上减少软故障的发生。

2. PLC 是面向现场应用的电子设备，所以它一直采用大多数电气技术人员熟悉的_____语言。

3. PLC 的典型应用有_____控制、_____控制、_____控制、_____控制、联网和显示打印。

4. _____控制是 PLC 最早的一种应用方式，也是它应用最多的领域。

5. 目前常用的 PLC 有日本的_____、德国的_____、法国的_____等。

6. FX 系列 PLC 按结构可分为_____和_____。

7. PLC 指令分为_____和_____。

3.2 可编程控制器的基本组成及工作原理

✓ 知识梳理

1. PLC 的基本组成

PLC 主要由中央处理器（CPU）、存储器、输入/输出单元（I/O 接口电路）、电源、编程器等基本部分组成。PLC 的基本组成如图 3.2.1 所示。

1）中央处理器（CPU）

（1）PLC 的核心单元。

（2）CPU 主要完成的任务：从存储器中读取指令，执行指令，准备下一条指令，处理中断。

2）存储器

（1）系统程序存储器（ROM）：用于存放 PLC 内部系统的管理程序。系统程序固化在 ROM 中。

（2）用户程序存储器（RAM）：用于存放用户程序。用户程序固化在 RAM 中。

PLC 采用程序步衡量 RAM 的容量，一个程序步即一个字（一般为两个字节）占一个地址单元。例如，一个内存容量为 1000 步的 PLC，可知其内存为 2KB。

3）输入/输出单元（I/O 接口电路）

（1）是 PLC 与被控对象间传递输入/输出信号的接口部件。

（2）输入/输出单元的作用还有电隔离和滤波。

4）电源

（1）PLC 的供电电源一般为 AC220V [±（10%～15%）]，也可采用 DC24V 供电。

（2）PLC 用于接工频电源，一般为 95～260V。

5)编程器

具有编程,程序的修改、检查,以及器件的监控作用。

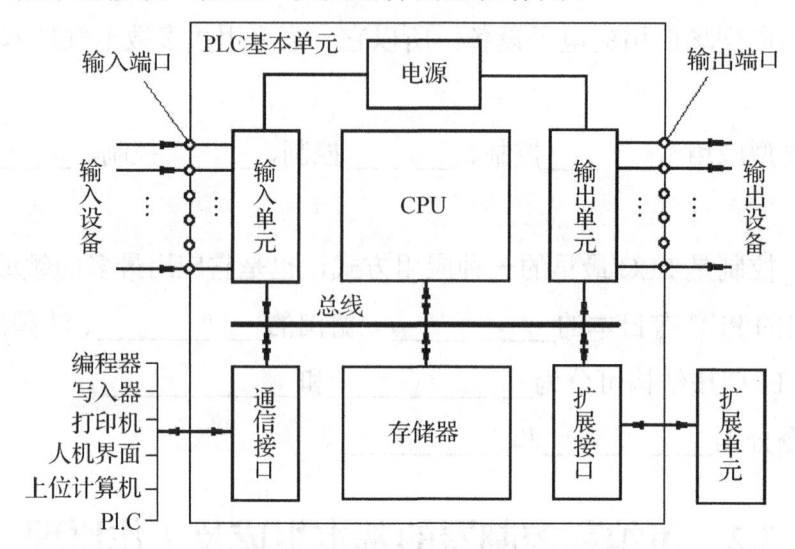

图 3.2.1　PLC 的基本组成

2．PLC 的编程方式

(1)在线(联机)方式:将编程器直接与 PLC 的专用插座直接连接,将用户程序直接写入 PLC 中的 RAM 中。这种方式有利于程序的调试、修改和监控。

(2)离线(脱机)方式:先将用户程序放在编程器的存储器中,然后将编程器与 PLC 连接,从编程器的存储器中把用户程序写入到 PLC 的 RAM 中。这种编程方式不影响 PLC 的工作。

3．PLC 的常用编程语言

1)梯形图语言

(1)形象直观、逻辑关系明显、实用,是目前使用最多的一种。

(2)梯形图中的继电器、定时器、计数器等都不是物理器件,而是编程元件。

(3)梯形图中,当存储器某位为 1 时,表示线圈得电,动合触点闭合,动断触点断开。

(4)梯形图中左右两端的母线是不接任何电源的,分析时可认为有电流从左母线流向右母线,这一电流称为概念电流或假想电流。

(5)梯形图逻辑执行顺序是从上到下、从左到右。

梯形图显示实例如图 3.2.2(a)所示。

2)指令语句表语言

每条语句由操作码和操作元件组成。操作码用助记符表示,如 LD、OR;操作元件一般由标识符和参数组成;标识符表示操作元件的类别,如输入继电器 X、输出继电器 Y、计时器 T 和计数器 C 等;参数表明操作元件的地址或一个预先设定的值。指令语句表显示实例如图 3.2.2(b)所示。

```
  X000   X002
───┤├────┤/├────(Y005)
  Y005
───┤├
```

步	指令	软元件编号
0000	LD	X000
0001	OR	Y005
0002	ANI	X002
0003	OUT	Y005
⋮	⋮	⋮

（a）梯形图显示实例　　　　　　　　　　（b）指令语句表显示实例

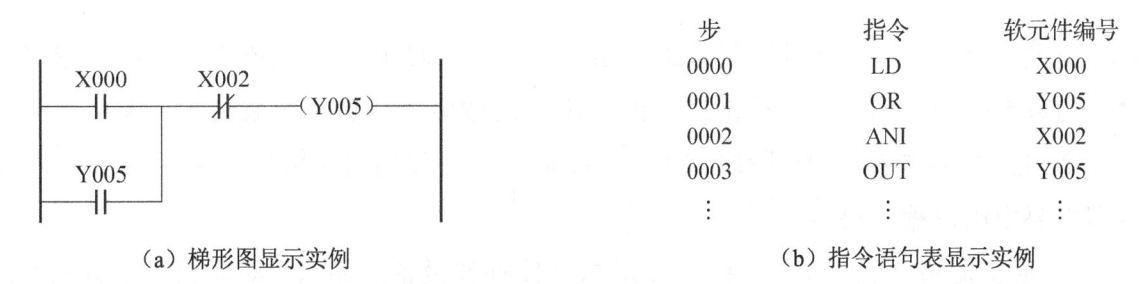

图 3.2.2　梯形图与指令语句表显示实例

3）逻辑图语言

逻辑图语言又叫控制系统流程图编程语言。

4）高级语言

高级语言主要是指与计算机兼容的汇编、BASIC、C 等语言。

4．PLC 的工作原理

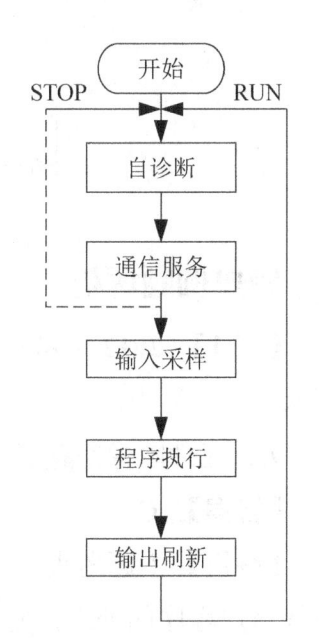

PLC 采用循环扫描的工作方式。循环扫描的工作方式如图 3.2.3 所示，该方式的工作过程具体如下。

（1）每次扫描过程，集中对输入信号进行采样，集中对输出信号进行刷新。

（2）一个工作过程分为**自诊断、输入采样、程序执行、输出刷新、通信服务**五个阶段。

① **自诊断**：这一阶段完成的任务是开机清零。开机时，CPU 首先使输入暂存器清零，然后进行自诊断，当确认其硬件工作正常以后，进入下一工作阶段。

② **输入采样**：在输入采样阶段，CPU 对输入端进行扫描，将获得的各个输入端子的信号送到输入暂存器（输入映像寄存器）存放。

说明：PLC 的输入采样是定时集中采样的，也就是 PLC 对输入端子的扫描只是在输入采样阶段进行，直到下一个扫描周期的输入采样阶段才进行第二次，这种方式保证 CPU 执行程序时和输入端子隔离断开，输入端子的变化不会影响 CPU 的工作，提高了 PLC 的抗干扰能力。

图 3.2.3　循环扫描的工作方式

③ **程序执行**：在这一阶段中，PLC 进行用户程序的处理，它对用户程序进行从上到下、从左到右依次扫描，并根据输入映像寄存器的输入信号和有关指令进行运算和处理，最后将结果写入输出暂存器（输出映像寄存器）中。

④ **输出刷新**：这一阶段将输出信号从输出映像寄存器中取出，送到输出锁存器电路，驱动输出，控制被控设备进行各种相应的动作。

说明：PLC 的输出刷新是集中输出的，也就是 PLC 的输出数据是由输出映像寄存器送

到输出锁存器，再经输出锁存器送到输出端子上。PLC 在一个扫描周期内，其输出映像寄存器的数据跟随输出指令执行的结果而变化，而输出锁存器中的数据一直保持不变，直到下一个扫描周期的输出刷新阶段到来。一般输入处理和输出刷新只需要 1~2ms，所以扫描时间主要由用户程序决定。

⑤ **通信服务**：这一阶段，PLC 完成与其他外部设备的通信，即检查是否有编程器、计算机或上位 PLC 等通信请求，若有，则进行相应处理，完成数据通信任务。

（3）扫描周期的长短由 CPU 执行指令的速度、指令本身占有的时间和指令条数决定。

（4）扫描周期包括工作过程中的**输入采样、程序执行、输出刷新**三个阶段。PLC 扫描的工作过程如图 3.2.4 所示。

（5）扫描时间主要由用户程序执行时间决定。

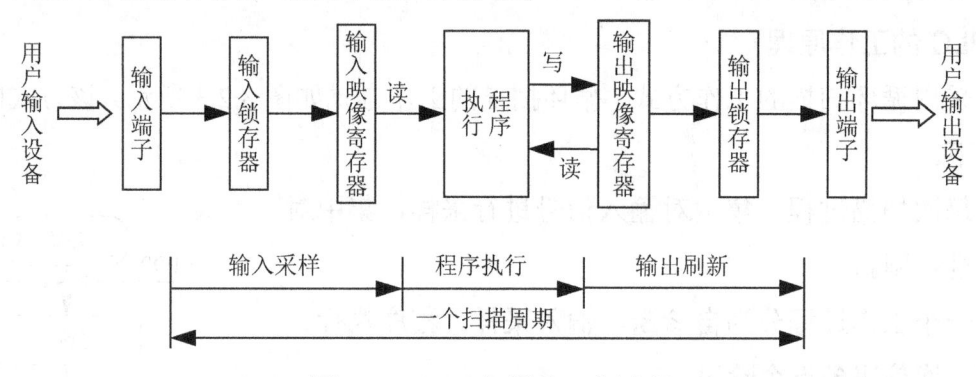

图 3.2.4　PLC 扫描的工作过程

经典例题解析

【**例 1**】（2012 **高考题**）PLC 在程序执行阶段对用户程序顺序扫描执行，并将运算结果存入（　　）中。

A．元件映像寄存器　　B．输入锁存器　　C．输出映像寄存器　　D．数据寄存器

【**答案**】：C

【**解析**】：本题考查学生对 PLC 程序执行这一阶段的理解。在程序执行这一阶段中，PLC 进行用户程序的处理，它对用户程序进行从上到下依次扫描，并根据输入映像寄存器的输入信号和有关指令进行运算和处理，最后将结果写入输出映像寄存器中。故选 C。

【**例 2**】（2014 **高考题**）PLC 循环扫描工作方式的过程包含五个阶段，但不包含下列哪项内容。（　　）

A．自诊断　　B．通信服务　　C．输出采样　　D．程序执行

【**答案**】：C

【**解析**】：本题考查学生对 PLC 五个工作阶段的掌握情况。PLC 循环扫描工作方式的过程中包括自诊断、通信服务、输入采样、程序执行、输出刷新五个阶段。而 A、B、C、D 四个选项中，C 项说的是输出采样。故选 C。

【**例 3**】（2019 年一轮联考）PLC 的核心是（　　）。

A．CPU　　B．存储器　　C．输入/输出部分　　D．输入/输出单元

【答案】：A

【解析】：本题考查 PLC 的组成。PLC 主要由 CPU、存储器、输入/输出单元、电源、编程器等组成，而在这些组成中，CPU 是 PLC 的核心部分。故选 A。

【例4】（2015 高考题）PLC 主要由_____、存储器、输入/输出单元、电源和编程器等基本部分组成。

【答案】：CPU

【解析】：本题考查 PLC 的组成。PLC 主要由 CPU、存储器、输入/输出单元、电源、编程器等组成。故答案应填 CPU。

同步练习

一、选择题

1. PLC 中，完成读取指令、执行指令、处理中断的是（　　）。
   A．CPU　　　　　　　　　　B．存储器（RAM、ROM）
   C．输入/输出接口（I/O 接口）　D．编程器

2. PLC 中，在系统程序的控制下，完成逻辑运算、数学运算、协调系统内部各部分工作任务的是（　　）。
   A．CPU　　　　　　　　　　B．存储器（RAM、ROM）
   C．输入/输出接口（I/O 接口）　D．编程器

3. PLC 中用来存放系统程序、用户程序及运算数据的单元是（　　）。
   A．CPU　　　　　　　　　　B．存储器（RAM、ROM）
   C．输入/输出接口（I/O 接口）　D．编程器

4. PLC 的组成部分中除了编程以外，还具有一定的调试及监控功能，能实现人机对话操作的是（　　）。
   A．CPU　　　　　　　　　　B．存储器（RAM、ROM）
   C．输入/输出接口（I/O 接口）　D．编程器

5. CPU 是指（　　）。
   A．控制器　　B．运算器　　C．中央处理器　　D．存储器

6. 一般而言，FX 系列 PLC 的 AC 输入电源电压范围是（　　）。
   A．DC24V　　　　　　　　B．95～260VAC
   C．220～380VAC　　　　　D．24～220VAC

7. （　　）是各种 PLC 通用的一种图形编程语言，在形式上类似于继电器控制电路，它直观、易懂，是目前应用最多的一种编程语言。
   A．梯形图　　B．指令语句表　　C．功能表图　　D．流程图

8. PLC 的各生产厂家都把（　　）作为第一用户编程语言。

A．指令语句表　　B．梯形图　　　C．逻辑功能图　　D．C语言

9．当存储器中的某位为1时，表示相应的动断触点状态为（　　）。

　　A．接通　　　　　　　　　　　　B．断开

　　C．可能是接通，也可能是断开　　D．不确定

10．用户程序通过编程器写入主机的（　　）。

　　A．ROM　　　　　　　　　　　　B．RAM 或 EPROM

　　C．CPU　　　　　　　　　　　　D．寄存器

11．系统程序固化在＿＿＿＿＿中，用户程序固化在＿＿＿＿中。（　　）

　　A．ROM　ROM　B．RAM　RAM　C．ROM　RAM　D．RAM　ROM

二、填空题

1．PLC的基本结构由＿＿＿＿＿＿、存储器、输入/输出单元、电源、扩展接口、通信接口、编程工具、智能I/O接口、智能单元等组成。

2．PLC实质上是一种工业计算机，它主要由＿＿＿＿＿＿、＿＿＿＿＿＿、＿＿＿＿＿＿、编程器、电源和智能单元组成。

3．PLC的软件由系统程序和＿＿＿＿＿＿＿＿两大部分组成。

4．PLC内部配有两种存储器：＿＿＿＿＿＿＿＿＿＿＿和＿＿＿＿＿＿＿＿＿＿＿。

5．PLC的编程方式有＿＿＿＿＿＿＿方式和＿＿＿＿＿＿＿方式。

6．编程器不仅用于编程，还可以用它进行程序的＿＿＿＿＿＿＿＿和＿＿＿＿＿＿＿＿，以及器件的＿＿＿＿＿＿＿＿。

7．将编程器内编写好的程序写入PLC时，PLC必须处在＿＿＿＿＿＿＿模式。

8．PLC常用的编程语言有＿＿＿＿＿＿＿、＿＿＿＿＿＿＿、＿＿＿＿＿＿＿及某些高级语言等。

9．PLC采用循环扫描的工作方式，其具体可分为自诊断、＿＿＿＿＿＿＿、＿＿＿＿＿＿＿、＿＿＿＿＿＿＿和通信服务五个阶段。

10．PLC执行用户程序的过程一般包括＿＿＿＿＿＿＿、＿＿＿＿＿＿＿和＿＿＿＿＿＿＿三个阶段。

11．PLC的一个扫描周期主要有＿＿＿＿＿＿＿、＿＿＿＿＿＿＿和＿＿＿＿＿＿＿三个阶段。

12．PLC扫描周期的长短由＿＿＿＿＿＿＿、＿＿＿＿＿＿＿、＿＿＿＿＿＿＿决定。

13．PLC的输入处理和输出刷新一般只需要1~2ms，所以扫描时间主要由＿＿＿＿＿＿＿决定。

14．梯形图的逻辑执行顺序是＿＿＿＿＿＿＿＿＿＿＿＿＿＿。

3.3 可编程控制器的输入/输出单元

知识梳理

1. 开关量的输入/输出（I/O）单元

1）开关量的输入单元

直接和外部设备相连接，具有信号的滤波及转换、光电隔离/耦合、输入/输出指示等作用。

（1）直流开关信号的输入单元。

输入信号：接入 12～24V 的直流电压信号；

分类：分为 8 点和 16 点两种，16 点只允许使用 24V 电压；

组成：由二极管 VD1、光电耦合器及 LED 输入指示灯 VD2 组成。直流开关信号输入单元如图 3.3.1 所示。二极管 VD1 用于防止误将反极性输入信号接入，电阻 R2 的阻值为 1.5kΩ，电阻 R1 的阻值为 150Ω，电阻 R2 和 R1 构成分压电路。

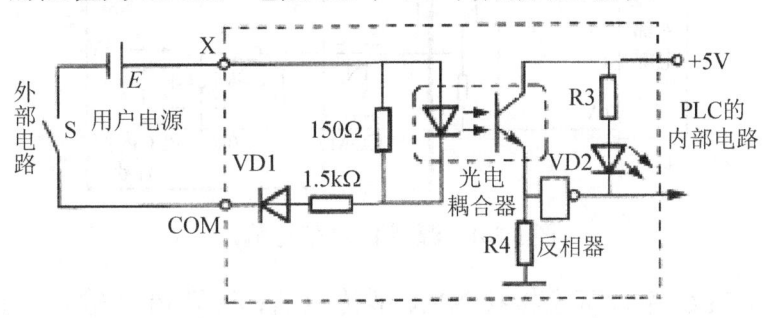

图 3.3.1 直流开关信号输入单元

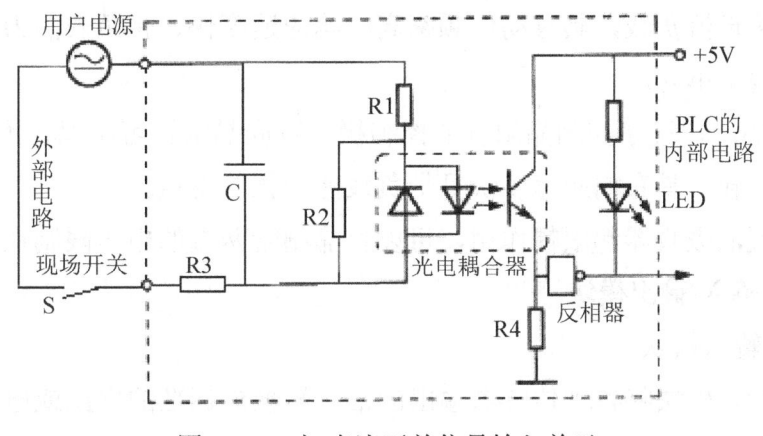

（2）交/直流开关信号输入单元。

输入信号：直流 80～150VDC 的电压，交流 97～132VAC、50～60Hz 的电压；

组成：电路中电阻 R1 和 R2 构成分压电路，C 为抗干扰电容，R3 为限流电阻，光电耦合器起到隔离及耦合的双重作用。交/直流开关信号输入单元如图 3.3.2 所示。

图 3.3.2 交/直流开关信号输入单元

（3）漏型与源型开关量输入 PLC。

漏型输入与源型输入，都是相对于 PLC 输入公共端（COM 端或 M 端）而言的，电流

从 COM 端流入，从输入端流出则为漏型（低电平有效）。漏型 PLC 信号输入如图 3.3.3 所示；电流从 COM 端流出，从输入端流入则为源型（高电平有效）。源型 PLC 信号输入如图 3.3.4 所示。

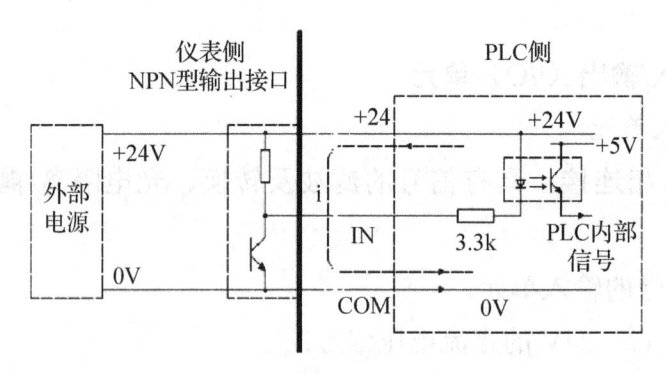

图 3.3.3　漏型 PLC 信号输入

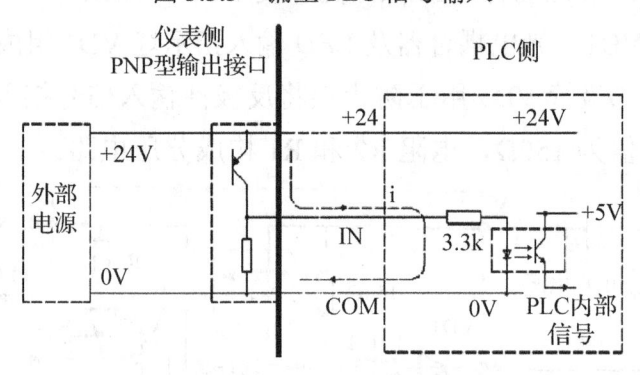

图 3.3.4　源型 PLC 信号输入

一般来说漏型 PLC 输入可直接接 NPN 型传感器，源型 PLC 输入可直接接 PNP 型传感器。

2）开关量的输出单元

（1）继电器输出单元。

特点：具有可接交直流负载且带负载能力强等优点，缺点是动作及响应速度较慢。

（2）晶体管输出单元。

特点：只能接直流负载，具有动作频率高、响应速度快、带负载能力强的特点。

（3）晶闸管输出单元。

特点：PLC 的用户程序控制晶闸管的控制极，双向晶闸管可实现将用户交流电源接入负载，适于交流负载，具有响应速度快且带负载能力强的特点。

保护条件：浪涌吸收器起限幅作用，可以将晶闸管两端的电压限制在 600V 以下。

2. 模拟量的输入/输出模块

1）模拟量的输入模块

（1）模块量输入模块将各种传感器输出的信号转换成标准的电压或电流，再经 A/D 转换成数字量。

（2）模拟量输入电压范围为直流 1～5V 或-10～+10V，电流输入范围为直流 4～20mA 或-20～+20mA。

（3）输出数字量的位数不同，分辨率也就不同，输出数字量的位数越多，模块的分辨率就越高。

（4）FX2N-4AD-PT 为配接温度传感器的输入模块，有 4 个输入通道，FX2N-4AD-TC 为配接热电偶的输入模块，有 4 个输入通道。

2）模拟量的输出模块

在模块内的 D/A 转换器中，数字量的位数越多，其分辨率越高，即输出电压或输出电流越接近连续变化的模拟量。

3．PLC 的输入/输出接线方式

（1）输入/输出接线方式有汇点式输入/输出接线和分隔式输入/输出接线。

（2）PLC 输入电路的连接说明。

① PLC 的输入用于接按钮、开关及各类传感器。

② 一般可以采用 PLC 内部电源为其供电，也可以用外部设备供电。

③ PLC 输入端标记为 L 和 N 的端子，用于接工频电源，一般为 95～260V。

（3）PLC 输出电路的连接说明。

PLC 输出电路有继电器、晶体管和晶闸管三种形式。图 3.3.5 所示为继电器输出混合接线示意图。

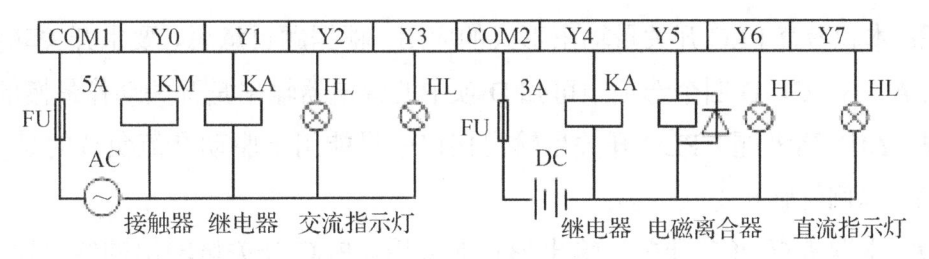

图 3.3.5　继电器输出混合接线示意图

① 在直流感性负载的两端并联一个浪涌吸收二极管 VD，会大大延长触点的使用寿命。

② 对正反转接触器的负载，在 PLC 的程序中采用软件互锁的同时，在 PLC 的外部也应该采取措施，以防止因负载在两个方向上同时动作，而出现短路故障。

③ 为实现紧急停止，可使用 PLC 的外部开关 K 切断负载。

④ 在交流感性负载两端并联一个浪涌吸收器，用于降低噪声。

⑤ 由于 PLC 输出电路中未接熔断器，因此每四点应使用一个 5～15A 的熔断器，用于防止由于短路等原因造成 PLC 损坏。

经典例题解析

【例 1】（2013 高考题）PLC 外部电路与内部电路之间的隔离方式是（　　）。

A．电容隔离　　　B．可控硅隔离　　　C．电阻分压隔离　　D．光耦隔离

【答案】：D

【解析】：本题考查 PLC 开关量输入/输出单元的特点。PLC 外部电路与内部电路之间常采用光耦隔离。故选 D。

【例2】（2013高考题）PLC输出单元有多种类型，其中能输出可数字调节的电压或电流的输出单元是（　　）。

　　A．继电器输出　　B．可控硅输出　　C．模拟输出　　D．晶体管输出

【答案】：C

【解析】：本题考查PLC模拟量输入/输出单元的特点。根据题目意思，是要输出模拟量。故选C。

【例3】（2018年二轮联考）在PLC自动控制系统中，对于温度控制可用的扩展模块是（　　）。

　　A．FX2N-4AD-PT　　B．FX2N-4DA　　C．FX2N-4AD-TC　　D．FX2N-8A

【答案】：A

【解析】：本题考查PLC专用模拟量输入/输出模块的应用。A项为4通道温度传感器的输入模块；B项为4通道数模转换模块；C项为4通道热电偶的输入模块；D项，没有这样的型号，而题意是要选择温度模块。故选A。

【例4】（2015年高考题）以下四种PLC开关量输出形式中，开关动作最慢的是（　　）。

　　A．晶闸管输出　　B．三极管输出　　C．场效应管输出　　D．继电器输出

【答案】：D

【解析】：本题考查PLC开关量输出形式的应用。根据题目意思，要求开关动作最慢的输出形式。从A、B、C、D四个选项中可知D项中的继电器输出是开关动作最慢的。故选D。

【例5】（2018高考题）PLC开关量输出接口中只能用于驱动交流负载的是_____。

【答案】：晶闸管输出

【解析】：本题考查PLC开关量输出形式的应用。PLC开关量输出的继电器输出、晶体管输出、晶闸管输出三种形式中，只有晶闸管输出能用于驱动交流负载。

同步练习

一、选择题

1．PLC与外部直接联系是通过（　　）。

　　A．输入/输出单元　　　　　　B．辅助继电器

　　C．存储器　　　　　　　　　　D．控制单元

2．下面哪种信号不能作为PLC基本功能模块的输入信号。（　　）

　　A．按钮　　　　　　　　　　　B．热继电器的动断触点

　　C．连接型压力传感器　　　　　D．温度开关

3．（　　）的作用是把现场的开关量信号变成PLC内部处理的标准信号。

　　A．开关量输出接口　　　　　　B．模拟量输入接口

　　C．模拟量输出接口　　　　　　D．开关量输入接口

4．各种输入/输出接口中都有（　　）电路。

　　A．直接耦合　　B．变压器耦合　　C．光电耦合　　D．电容耦合

5. 以下哪些设备可以作为 PLC 的输入设备。（　　）

　　A．限位开关　　　B．接触器线圈　　　C．继电器线圈　　　D．指示灯

6. （　　）的作用是把现场连续变化的模拟量标准信号转换成合适的 PLC 内部处理的二进制数字信号。

　　A．开关量输出接口　　　　　　　　B．模拟量输入接口

　　C．模拟量输出接口　　　　　　　　D．开关量输入接口

7. （　　）的作用是将 PLC 运算处理好的若干位数字量信号转换为相应的模拟量信号输出，以满足生产过程现场连续控制信号的需求。

　　A．开关量输出接口　　　　　　　　B．模拟量输入接口

　　C．模拟量输出接口　　　　　　　　D．开关量输入接口

8. 为提高抗干扰能力，PLC 输入设备常采用（　　）功能。

　　A．变压器隔离和滤波　　　　　　　B．光电隔离和滤波

　　C．电容隔离和滤波　　　　　　　　D．直接隔离和滤波

9. PLC 的下列输出形式当中既可以接交流负载又可以接直流负载的是（　　）。

　　A．接触器输出接口　　　　　　　　B．晶闸管输出接口

　　C．晶体管输出接口　　　　　　　　D．继电器输出接口

10. 继电器输出型 PLC 具有（　　）的特点。

　　A．带负载能力强，动作及响应速度较慢

　　B．动作频率高，带负载能力强，响应速度快

　　C．只能带交流负载，响应速度快，带负载能力强

　　D．只能带直流负载

11. 晶闸管输出型 PLC 具有（　　）的特点。

　　A．带负载能力强，动作及响应速度较慢

　　B．动作频率高，带负载能力强，响应速度快

　　C．只能带交流负载，响应速度快，带负载能力强

　　D．只能带直流负载

12. PLC 的工作电源接在工频电源上，其电压工作范围一般为（　　）。

　　A．95～260V　　　B．220V　　　C．380V　　　D．220～380V

13. 某项目利用 PLC 进行自动控制，控制过程中需要测量某部位的温度，应该选择什么型号的扩展模块。（　　）

　　A．FX2N-4AD-PT　　　　　　　　B．FX2N-4AD-TC

　　C．FX2N-4AD　　　　　　　　　　D．FX2N-32M

14. PLC 输入电流是由 DC24V 电源供给的，当输入端用光电开关等传感器接入时，对漏型公共端 PLC 应选择_____类传感器。（　　）

　　A．PNP　　　　　B．NPN　　　　　C．PPN　　　　　D．PLS

15. 继电器输出型 PLC 的输出点的额定电压/电流是（　　）。
    A．DC250V/2A　　B．AC250V/2A　　C．DC220V/1A　　D．AC220V/1A

16. 并接于直流感性负载的续流二极管，其反向耐压值至少是电源电压的多少倍。（　　）
    A．5　　　　B．3　　　　C．20　　　　D．11

17. 晶体管输出型 PLC 的输出点的额定电压/电流约是（　　）。
    A．DC250V/2A　　B．AC250V/2A　　C．DC24V/0.5A　　D．AC220V/0.5A

18. 模拟量信号的电压输入范围一般为（　　）。
    A．1～5VDC 或-10～+10VAC
    B．1～5VAC 或-10～+10VAC
    C．1～5VDC 或-10～+10VDC
    D．1～5VAC 或-10～+10VDC

19. 模拟量信号的电流输入范围一般为（　　）。
    A．DC4～2mA 或 DC-20～+20mA　　B．AC4～2mA 或 DC-20～+20mA
    C．AC4～2mA 或 AC-20～+20mA　　D．DC4～2mA 或 AC-20～+20mA

20. PLC 的输出电路每（　　）点应用一个 5～15A 的熔断器，用于防止短路等原因造成 PLC 损坏。
    A．二　　　　B．三　　　　C．四　　　　D．五

二、填空题

1．开关量的输入/输出单元具有信号滤波及转换、_____、输入/输出指示等作用。

2．PLC 的输入、输出有_____与_____两种形式。

3．PLC 的输出接口分为开关量输出接口和模拟量输出接口。开关量输出接口采用的电路形式较多，通常可分为_____、_____和_____三种接口。

4．模拟量的输入模块中，输出数字量的位数不同，分辨率也就不同，输出数字量的位数越多，模块的分辨率越_____。

5．模拟量的输出模块中，数字量的位数越多，模块的分辨率越高，即输出电压或输出电流越接近连续变化的_____。

6．在直流感性负载的两端并联一个_____，会大大延长触点的使用寿命。

7．在交流感性负载两端并联一个_____，用于降低噪声。

8．若 PLC 的 I/O 端口接有感性元件时，对交流电路，应在两端_____，以抑制电路断开时产生的电弧对 PLC 的影响。

第4章 FX系列PLC的指令系统

4.1 FX系列PLC的内部系统配置

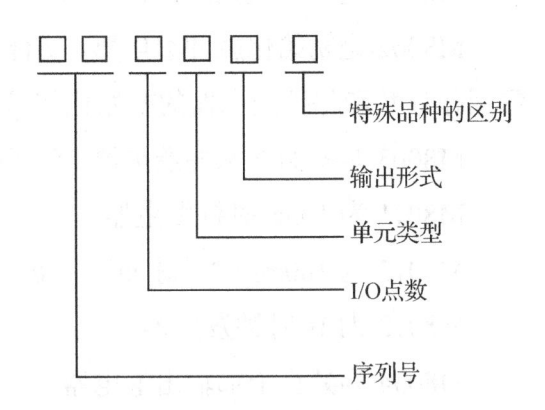

知识梳理

1. FX系列PLC的命名方式

FX系列PLC的命名方式如图4.1.1所示。

(1) 序列号有0、2、0N、2C、2N。

(2) I/O点数为14～256。

(3) 单元类型：M—基本单元；

　　　　　　　E—输入/输出混合扩展单元及扩展模块；

　　　　　　　EX—输入专用扩展模块；

　　　　　　　EY—输出专用扩展模块。

(4) 输出形式：R—继电器输出；

　　　　　　　T—晶体管输出；

　　　　　　　S—晶闸管输出。

(5) 特殊品种的区别：D—DC电源、直流输入；

　　　　　　　　　　AI—AC电源、交流输入；

　　　　　　　　　　H—大电流输出扩展模块（1A/点）；

　　　　　　　　　　V—立式端子排的扩展模块；

　　　　　　　　　　C—接插口输入/输出方式；

　　　　　　　　　　F—输入滤波1ms的扩展模块；

　　　　　　　　　　L—TTL输入型扩展模块；

　　　　　　　　　　S—独立端子（无公共端）扩展模块。

图4.1.1　FX系列PLC的命名方式

2. 编程元件及使用说明

(1) 输入/输出（I/O）继电器。

① 输入继电器用X表示，状态由外部控制现场的信号驱动，不受PLC程序的控制，编程时使用次数不限。

② 输出继电器用Y表示，它是PLC向外部负载传递控制信号的器件，受PLC程序控制。

③ 采用八进制的地址编号，如X000～X007，X010～X017，Y000～Y007。

(2) 辅助继电器（M）。

① 通用辅助继电器：FX2N 系列 M0～M499 共 500 点。

② 保持辅助继电器：FX2N 系列 M500～M1023 共 524 点。

③ 特殊辅助继电器：

M8000 是运行监控继电器，动合触点，PLC 运行时为 ON。

M8001 是运行监控继电器，动断触点，PLC 运行时为 OFF。

M8002 是初始化脉冲继电器，动合触点，PLC 上电发出一个扫描周期的单窄脉冲信号，常用作计数和保护继电器的初始化信号等。

M8003 是初始化脉冲继电器，动断触点，PLC 上电发出一个扫描周期的单窄脉冲信号。

M8011 为 10ms 时钟发生器。

M8012 为 100ms 时钟脉冲发生器。

M8013 为 1s 时钟发生器。

M8034 为禁止全部输出继电器。

(3) 状态继电器（S）。

① S0～S9 为初始化状态继电器，共 10 点。

② S10～S19 为回零位状态继电器，共 10 点。

③ S0～S499 为通用状态继电器，共 500 点。

④ S500～S899 为停电保护状态继电器，共 400 点。

⑤ S900～S999 为报警用状态继电器，共 100 点。

⑥ 状态继电器 S 的触点作用次数不限，不用步进指令时，状态继电器 S 可以像辅助继电 M 一样在程序中使用。

(4) 定时器（T0～T255）。

① 定时器相当于继电器控制中的时间继电器，它提供若干个延时动合、动断触点，供用户编程使用。定时器的工作时间通过编程设定，它可以直接在用户程序中设定时间常数，也可以利用数据寄存器 D 中的数据作为时间常数。

② 普通定时器（T0～T245）。

T0～T199 为 100ms 定时器，共 200 点，设定值范围为 0.1～3276.7s；

T200～T245 为 10ms 定时器，共 46 点，设定值范围为 0.01～327.67s。

③ 积算定时器（T246～T255）。

积算定时器具有断电记忆及复电继续工作的特点。

T246～T249 为 1ms 积算定时器，共 4 点，设定值范围为 0.001～32.767s；

T250～T255 为 100ms 积算定时器，共 6 点，设定值范围为 0.1～3276.7s。

(5) 计数器（C）。

计数器主要用来记录脉冲个数或根据脉冲个数设定某一时间，其根据字长分为 16 位和

32 位计数器；根据计数信号频率分为通用计数器和高速计数器；根据加减功能分为递加或递减计数器。

（6）常数（K/H）：十进制常数用 K 表示，如 18 表示为 K18；十六进制常数用 H 表示，如 18 表示为 H18。

经典例题解析

【例1】FX2N60EXT 中共有_____个 I/O 点数，其中输入、输出均有_____个点数，EX 表示_____，T 表示_____。

【答案】：60 30 输入专用扩展模块 晶体管输出

【解析】：本题考查的是 FX 系列 PLC 的命名方式。从 FX2N60EXT 这个型号可以看出，该型号共 60 个 I/O 点数，其中 30 个是输入、30 个是输出，EX 表示输入专用扩展模块，T 表示的是晶体管输出。

【例2】（2011 高考题）用 PLC 实现流水线上通过工件的计数统计功能，编程时常采用内部的（　　）。

　　A．定时器　　　B．计数器　　　C．状态继电器　　　D．辅助继电器

【答案】：B

【解析】：本题考查的是 FX 系列 PLC 中计数器的使用。题目当中明确指出是要完成工件的计数功能，所以从 A、B、C、D 四个选项中不难得出 B 项正确。

【例3】（2012 高考题）在运行 PLC 程序时，若跳转开始时定时器和计数器已在工作，则在跳转执行期间它们将（　　）。

　　A．复位　　　B．置位　　　C．继续工作　　　D．停止工作

【答案】：D

【解析】：本题考查的是学生对定时器工作的理解。我们知道定时器的线圈在得电时开始计时，当线圈一断电就会立即复位。而题目的意思是在执行跳转之前定时器已经在工作了，说明定时器的线圈已经得电了，当执行跳转之后线圈并没有断电，只是跳过了定时器这部分的程序没有扫描执行，所以在跳转期间定时器只是暂时的停止工作。计数器也是如此。故选 D。

【例4】（2014 高考题）PLC 的编程元件中，能与外部设备直接连接的只有（　　）。

　　A．输入/输出继电器　　　　　　B．辅助继电器
　　C．状态继电器　　　　　　　　D．数据寄存器

【答案】：A

【解析】：本题考查的是学生对 PLC 内部编程元件的正确理解。我们知道 PLC 内部的编程元件包括输入/输出继电器、辅助继电器、定时器、计数器、状态继电器、数据寄存器等，而在这些编程元件当中能与外部设备直接连接的只有输入/输出继电器。故选 A。

【例5】(2018三轮联考试卷)辅助继电器 M8002 的功能是（　　）。

A．置位功能　　B．复位功能　　C．运行监控　　D．初始化功能

【答案】：D

【解析】：本题考查的是学生对特殊辅助继电器的理解与记忆。答案应该选择 D 项。

【例6】PLC 编程元件中的辅助继电器采用的是（　　）地址编号。

A．八进制　　B．十进制　　C．二进制　　D．十六进制

【答案】：B

【解析】：本题考查的是学生对 FX 系列 PLC 内部编程元件地址的理解与掌握。在 FX 系列 PLC 内部的编程元件中，除了输入/输出继电器采用八进制进行地址编号，其他所有编程元件都是采用十进制进行地址编号的。故选 B。

【例7】FX2N 系列积算定时器分 100ms 和（　　）两种。

A．1000ms　　B．10ms　　C．1ms　　D．5ms

【答案】：C

【解析】：定时器按是否具有保持功能分为普通定时器和积算定时器，而积算定时器按延时时间的长短又分为 100ms 和 1ms 两种。故选 C。

同步练习

一、选择题

1．型号为 FX2N-16MR 的 PLC 是（　　）。

A．继电器输出型　B．晶体管输出型　C．晶闸管输出型　D．扩展模块

2．有一 PLC 控制系统，已占用了 16 个输入点和 8 个输出点，则该 PLC 型号是（　　）。

A．FX2N-16MR　B．FX2N-32MR　C．FX2N-48MR　D．FX2N-64MR

3．FX 系列 PLC 的命名方式中的第四位表示的是（　　）。

A．特殊品种的区别　　　　B．序列号

C．单元类型　　　　　　　D．输出形式

4．PLC 内部的编程元件中的输入/输出继电器采用的是（　　）地址编号。

A．八进制　　B．十进制　　C．二进制　　D．十六进制

5．PLC 的信号名称 Y 表示（　　）。

A．输出继电器　B．辅助继电器　C．输入继电器　D．数据存储器

6．特殊辅助继电器中运行监控脉冲的是（　　）。

A．M8000　　B．M8002　　C．M8012　　D．M8001

7．下列特殊辅助继电器中，（　　）是 1s 周期的振荡频率输出。

A．M8011　　B．M8012　　C．M8013　　D．M8014

8. 下列特殊辅助继电器中，（　　）是禁止全部输出继电器。

   A．M8033　　　　B．M8034　　　　C．M8002　　　　D．M8003

9. 常用作计数器和保持辅助继电器初始化信号的是（　　）。

   A．M8002　　　　B．M8012　　　　C．M8013　　　　D．M8033

10. 输出继电器的动合触点在逻辑行中可以使用（　　）。

    A．1次　　　　B．10次　　　　C．100次　　　　D．无限次

11. 属于初始化状态继电器的是（　　）。

    A．S2　　　　B．S20　　　　C．S246　　　　D．S250

12. FX2N系列PLC中普通定时器的编号为（　　）。

    A．T0～T256　　B．T0～T245　　C．T1～T256　　D．T1～T245

13. FX2N系列普通定时器分100ms和（　　）两种。

    A．1000ms　　　B．10ms　　　　C．1ms　　　　D．5ms

14. FX2N系列积算定时器分1ms和（　　）两种。

    A．1000ms　　　B．100ms　　　C．10ms　　　　D．1ms

15. FX系列PLC中的10ms定时器的设定范围为（　　）。

    A．0.1～3276.7s　B．0.01～327.67s　C．0.001～32.767s　D．0～32.767s

16. FX2N系列普通定时器与积算定时器的区别在于（　　）。

    A．当驱动逻辑为OFF或PLC断电时，普通定时器立即复位，而积算定时器并不复位。再次通电或驱动逻辑再次为ON时，积算定时器在上次定时时间的基础上继续累加，直到达到定时时间为止

    B．当驱动逻辑为OFF或PLC断电时，积算定时器立即复位，而普通定时器并不复位。再次通电或驱动逻辑再次为ON时，普通定时器在上次定时时间的基础上继续累加，直到达到定时时间为止

    C．当驱动逻辑为OFF或PLC断电时，普通定时器不复位，而积算定时器也不复位

    D．当驱动逻辑为OFF或PLC断电时，普通定时器复位，积算定时器也复位

17. FX2N系列PLC中最为常用的两种常数是K和H，其中K表示的是（　　）进制常数。

    A．二　　　　B．八　　　　C．十　　　　D．十六

18. 某程序需要延时5s，采用PLC的T0定时器，下列常数设定正确的是（　　）。

    A．K50　　　　B．K500　　　C．K5　　　　D．H50

19. 下列对PLC内部编程元件的描述正确的是（　　）。

    A．有无数对动合触点和动断触点供编程时使用

    B．只有2对动合触点和动断触点供编程时使用

C．不同型号的 PLC 的情况可能不一样

D．以上说法都不正确

20．在正反转或其他控制回路中，如果存在接触器同时动作会造成电气故障时，那么应增加（　　）。

  A．按钮互锁   B．内部输出继电器互锁

  C．内部输入继电器互锁   D．外部继电器互锁

二、填空题

1．PLC 开关量输出形式有_____、_____、_____三种。

2．PLC 的 I/O 点数是指 PLC 的外部_____、_____端子数。

3．外部的输入电路接通时，对应的输入映像寄存器为___状态，梯形图中对应的动合触点____，动断触点_____。

4．PLC 内部编程元件的种类很多，包括_____、_____、_____、_____、_____、常数、数据寄存器、V/Z 变址寄存器、P/I 指针。

5．FX2N48MR 中共有_____个 I/O 点数，其中输入有_____个点数，输出有_____个点数，M 表示_____，R 表示_____。

6．辅助继电器有_____、_____和_____三种类型。

7．在 PLC 的常数表示方法中，十进制常数用_____表示；十六进制常数用_____表示。

8．定时器相当于继电器控制中的_____。

9．定时器包括_____和_____。

10．定时器可以直接在用户程序中设定时间常数，也可以利用_____中的数据作为时间常数。

11．计数器主要用来记录_____个数或根据_____个数设定某一时间。

12．FX2N 系列 PLC 的输入继电器的线圈只能通过_____驱动，不能通过程序驱动。

4.2 FX 系列 PLC 的基本指令（LD、LDI、OUT、AND、ANI）及编程方法

知识梳理

1．逻辑取与线圈驱动指令（LD、LDI、OUT）

逻辑取与线圈驱动指令的助记符、功能和可选操作元件如表 4.2.1 所示。

表 4.2.1　逻辑取与线圈驱动指令的助记符、功能和可选操作元件

助记符	功　　能	可选操作元件
LD（取）	动合触点与左母线相连，所完成的操作功能是将结果寄存器的内容推入栈寄存器，然后到指定的地址取出其内容送入结果寄存器	X、Y、M、S、T、C
LDI（取反）	动断触点与左母线相连，所完成的操作功能是将结果寄存器的内容推入栈寄存器，然后到指定的地址取出其内容，求反后送入结果寄存器	X、Y、M、S、T、C
OUT（输出）	线圈驱动，所完成的操作功能是用结果寄存器的内容去驱动所指定的继电器线圈	Y、M、S、T、C、F

LD、LDI、OUT 指令的使用如图 4.2.1 所示。

步序号	指令语句		注释
	助记符	器件号	
0	LD	X1	(X1)→R
1	OUT	Y1	(R)→Y1
2	LDI	X2	($\overline{X2}$)→R，(R)→(S1)
3	OUT	M0	(R)→M0
4	OUT	T2	(R)→T2
	K	20	定时器延时
5	LD	T2	(T2)→R，(R)→(S1)，(S1)→S2
6	OUT	Y2	(R)→Y2

图 4.2.1　LD、LDI、OUT 指令的使用

（1）说明：

① OUT 指令不能驱动输入继电器，可以连续使用多次。使用 OUT 指令驱动定时器、计数器时，必须设定常数 K，常数 K 的设定在编程中占一个步序位置。

② 因为 PLC 是以循环扫描的方式执行程序的，所以当并联的双线圈输出时（同一编号），只有后面的驱动有效。

（2）定时器指令的使用。

① 定时器的操作功能：定时器相当于时间继电器，用于实现对时间的控制。在线圈得电时开始计时，当延时时间到时，其自身所带的动合触点闭合，动断触点断开。

② 延时时间的设定：定时器在使用时，通过对 PLC 内部的时钟脉冲信号计数，而实现对时间的控制。例如，若当选择 100ms 为时基单元（T10），设定常数为 K100 时，则延时时间为 $100 \times 100ms = 10s$。

③ 定时器每次使用后必须复位，才能再次使用，其复位方法有两种。一种是通过切断线圈得电实现复位；另一种是用定时器本身的动断触点进行复位，其复位时间为 PLC 一个扫描周期的时间。

定时器的动作时序图如图 4.2.2 所示。

```
    X0
    ─┤├──────────(T0 K150)          0000    LD      X0
                                    0001    OUT     T0      K150
    T0                              0002    LD      T0
    ─┤├──────────(Y0)               0003    OUT     Y0
```

(a) 梯形图　　　　　　　　　　　　　　(b) 指令语句表

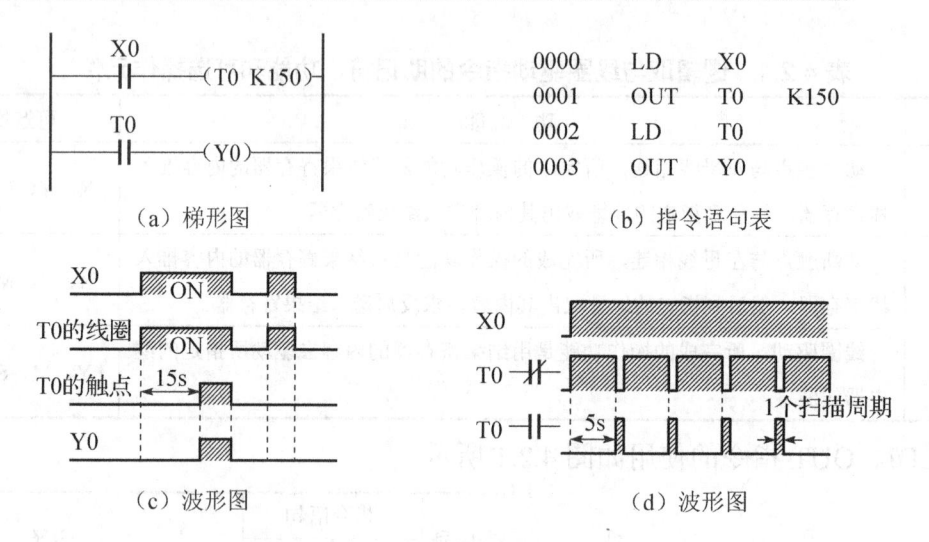

```
X0     ┌──ON──┐    ┌────┐
T0的线圈 ┌──ON──┐   ┌────┐
T0的触点 │←15s→│┌─┐        X0 ──────────────
Y0              ┌─┐        T0 ┤/├  ┌─┐ ┌─┐ ┌─┐  1个扫描周期
                            T0 ┤├   │←5s→│
```

(c) 波形图　　　　　　　　　　　　　　(d) 波形图

图 4.2.2　定时器的动作时序图

2. 触点的串联指令（AND、ANI）

触点串联指令的助记符、功能和可选操作元件如表 4.2.2 所示。

表 4.2.2　触点串联指令的助记符、功能和可选操作元件

助记符	功　　　能	可选操作元件
AND（与）	动合触点串联，所完成的操作功能是将结果寄存器的内容和指定地址的内容相与后，其结果送入结果寄存器	X、Y、M、T、C、S
ANI（与非）	动断触点串联，所完成的操作功能是先将指定地址的内容取反，然后与结果寄存器的内容相与，其结果送入结果寄存器	X、Y、M、T、C、S

使用注意：

（1）AND、ANI 是用于串联一个触点的指令，串联触点的数量不限，即可以多次使用。AND、ANI 指令的使用如图 4.2.3 所示。

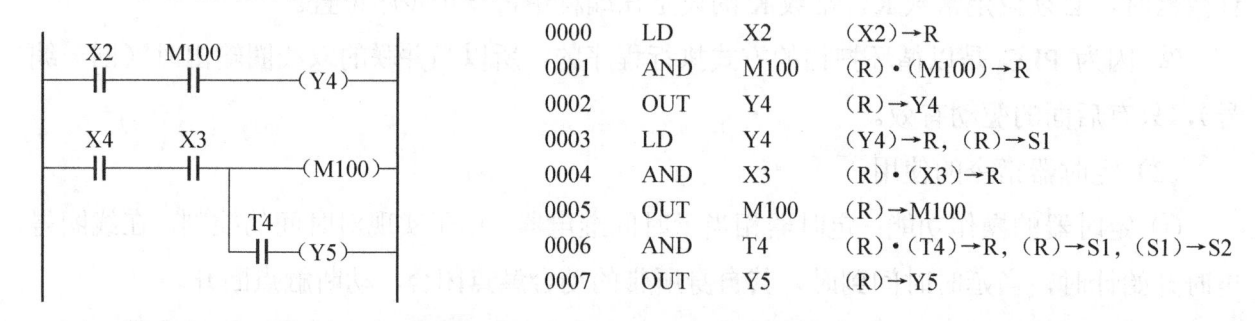

```
    X2   M100
    ─┤├──┤├──────(Y4)      0000    LD      X2      (X2)→R
                            0001    AND     M100    (R)·(M100)→R
    X4   X3                 0002    OUT     Y4      (R)→Y4
    ─┤├──┤├──────(M100)     0003    LD      Y4      (Y4)→R,(R)→S1
                            0004    AND     X3      (R)·(X3)→R
         T4                 0005    OUT     M100    (R)→M100
         ─┤├─────(Y5)       0006    AND     T4      (R)·(T4)→R,(R)→S1,(S1)→S2
                            0007    OUT     Y5      (R)→Y5
```

图 4.2.3　AND、ANI 指令的使用

（2）在连续输出时，不能使用的梯形图形式如图 4.2.4 所示，因为该形式对应的指令语句表要采用栈指令，这样一来就增加了程序步。

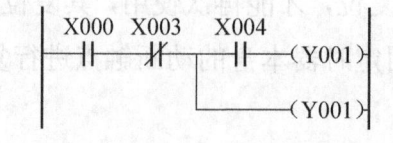

```
    X000  X003  X004
    ─┤├──┤/├──┤├──────(Y001)
                 │
                 └────(Y001)
```

图 4.2.4　不能使用的梯形图形式

经典例题解析

【例1】 下列指令使用正确的是（   ）。

A．LD D0   B．LDI D0   C．AND M0   D．OUT X0

【答案】：C

【解析】：本题主要考查 FX 系列 PLC 指令集中基本指令的使用。LD、LDI 后面的操作元件只能是 X、Y、M、S、T、C，而 A 项和 B 项中都是数据寄存器 D0，不正确；D 项中输入继电器 X0 不能用 OUT 指令驱动，不正确。故选 C。

【例2】（2011 高考题）如图 4.2.5 所示，正确且规范的 PLC 梯形图是（   ）。

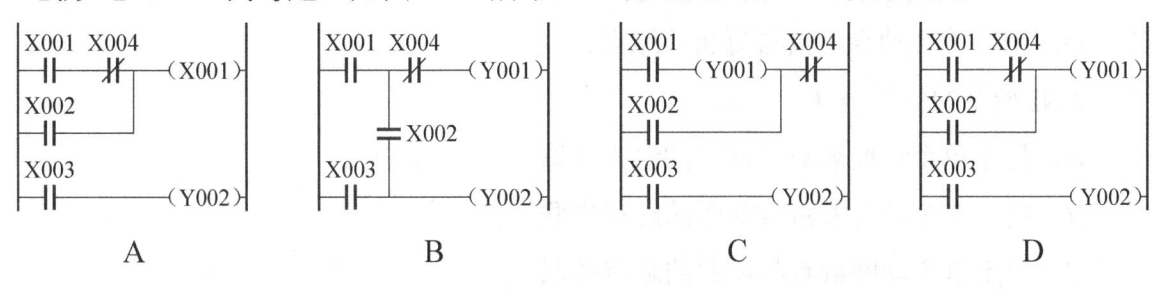

图 4.2.5 例 2 图

【答案】：D

【解析】：这是一个综合题，主要考查梯形图的绘制规则和 OUT 指令的应用。A 项中输入继电器 X001 不能用程序驱动，即 OUT 指令后面的操作元件不能带 X，不正确；B 项中 X002 触点不能垂直画，不正确；C 项中 X004 触点不能直接接右母线，以及 Y001 的位置也不正确，故 C 项错误。故选 D。

同步练习

一、选择题

1．LD 指令的作用是（   ）。

  A．用于单个动合触点与左母线相连   B．用于单个动断触点与左母线相连

  C．用于单个动断触点与右母线相连   D．用于单个动合触点与右母线相连

2．动合触点与左母线相连的指令是（   ）。

  A．LD   B．LDI   C．OUT   D．AND

3．LDI 指令的作用是（   ）。

  A．用于单个动合触点与左母线相连   B．用于单个动断触点与左母线相连

  C．用于单个动断触点与右母线相连   D．用于单个动合触点与右母线相连

4．动断触点与左母线相连的指令是（   ）。

  A．LD   B．LDI   C．OUT   D．AND

5．OUT 指令的作用是（   ）。

A．用于单个线圈与左母线相连　　B．用于多个线圈与左母线相连
C．用于单个线圈与右母线相连　　D．用于多个线圈与右母线相连

6．用于驱动线圈的指令是（　　）。

　　A．LD　　　　　B．LDI　　　　　C．OUT　　　　　D．AND

7．AND 指令的作用是（　　）。

　　A．用于单个动断触点与前面的触点串联

　　B．用于单个动合触点与前面的触点串联

　　C．用于单个动断触点与前面的触点并联

　　D．用于单个动合触点与前面的触点并联

8．ANI 指令的作用是（　　）。

　　A．用于单个动断触点与前面的触点串联

　　B．用于单个动合触点与前面的触点串联

　　C．用于单个动断触点与前面的触点并联

　　D．用于单个动合触点与前面的触点并联

9．LD 指令所完成的操作功能是（　　）。

　　A．将结果寄存器的内容推入栈寄存器，然后到指定的地址取出其内容送入结果寄存器

　　B．将结果寄存器的内容推入栈寄存器，然后到指定的地址取出其内容，求反后送入结果寄存器

　　C．用结果寄存器的内容去驱动所指定的继电器线圈

　　D．将结果寄存器的内容和指定地址的内容相与后，其结果送入结果寄存器

10．LDI 指令所完成的操作功能是（　　）。

　　A．将结果寄存器的内容推入栈寄存器，然后到指定的地址取出其内容送入结果寄存器

　　B．将结果寄存器的内容推入栈寄存器，然后到指定的地址取出其内容，求反后送入结果寄存器

　　C．用结果寄存器的内容去驱动所指定的继电器线圈

　　D．将结果寄存器的内容和指定地址的内容相与后，其结果送入结果寄存器

11．OUT 指令所完成的操作功能是（　　）。

　　A．将结果寄存器的内容推入栈寄存器，然后到指定的地址取出其内容送入结果寄存器

　　B．将结果寄存器的内容推入栈寄存器，然后到指定的地址取出其内容，求反后送入结果寄存器

C．用结果寄存器的内容去驱动所指定的继电器线圈

D．将结果寄存器的内容和指定地址的内容相与后，其结果送入结果寄存器

12．OUT 指令不能驱动下列哪一类编程元件的线圈。（　　）

　　A．输入继电器　　B．输出继电器　　C．辅助继电器　　D．定时器

13．AND 指令所完成的操作功能是（　　）。

　　A．将指定地址的内容相与，然后与结果寄存器的内容相或，其结果仍送到结果寄存器

　　B．将指定地址的内容取反，然后与结果寄存器的内容相或，其结果仍送入结果寄存器

　　C．将结果寄存器的内容和指定地址的内容相与后，其结果送入结果寄存器

　　D．将指定地址的内容取反，然后与结果寄存器的内容相与，其结果送入结果寄存器

14．单个动合触点与前面触点相连的指令是（　　）。

　　A．OR　　　　　　B．ORI　　　　　　C．ANI　　　　　　D．AND

15．ANI 指令所完成的操作功能是（　　）。

　　A．将指定地址的内容相与，然后与结果寄存器的内容相或，其结果仍送到结果寄存器

　　B．将指定地址的内容取反，然后与结果寄存器的内容相或，其结果仍送入结果寄存器

　　C．将结果寄存器的内容和指定地址的内容相与后，其结果送入结果寄存器

　　D．将指定地址的内容取反，然后与结果寄存器的内容相与，其结果送入结果寄存器

16．单个动断触点与前面触点相连的指令是（　　）。

　　A．OR　　　　　　B．ORI　　　　　　C．ANI　　　　　　D．AND

17．定时器相当于继电器、接触器中的（　　）。

　　A．继电器　　　　B．接触器　　　　C．热继电器　　　　D．时间继电器

18．定时器线圈得电时开始计时，当延时时间到时，其对应的触点动作顺序正确的是（　　）。

　　A．动合触点闭合，动断触点闭合　　B．动合触点闭合，动断触点断开

　　C．动合触点断开，动断触点断开　　D．动合触点断开，动断触点闭合

19．若定时器 T0 的设定值为 K360，则在定时器的输入条件成立＿＿＿＿时间后，定时器输出触点动作。（　　）

　　A．360ms　　　　B．360s　　　　C．36s　　　　D．36ms

20. 如图 4.2.6 所示，与梯形图相一致的指令语句表是（　　）。

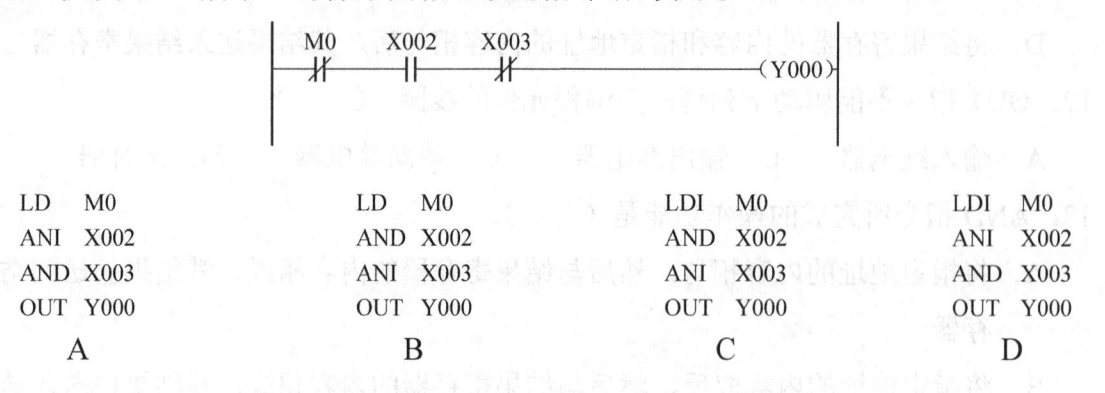

```
        M0    X002   X003
        ─|/|──┤├────┤/├────(Y000)
```

A　　　　　　　　B　　　　　　　　C　　　　　　　　D
LD M0　　　　　LD M0　　　　　LDI M0　　　　　LDI M0
ANI X002　　　　AND X002　　　　AND X002　　　　ANI X002
AND X003　　　　ANI X003　　　　ANI X003　　　　AND X003
OUT Y000　　　　OUT Y000　　　　OUT Y000　　　　OUT Y000

图 4.2.6　选择题 20 图

21. 在图 4.2.7 所示的梯形图中，不推荐使用的是（　　）。

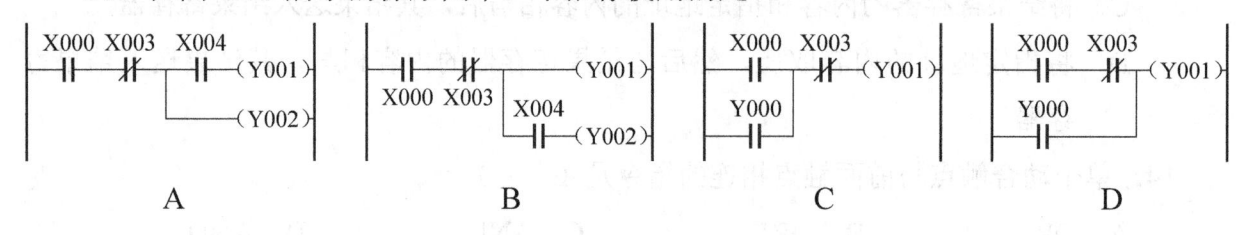

A　　　　　　　　B　　　　　　　　C　　　　　　　　D

图 4.2.7　选择题 21 图

22. 在图 4.2.8 所示的梯形图中，与指令语句表对应的是哪一项？（　　）

```
0  LDI  X000
1  AND  X001
2  OUT  M0
3  OUT  Y000
```

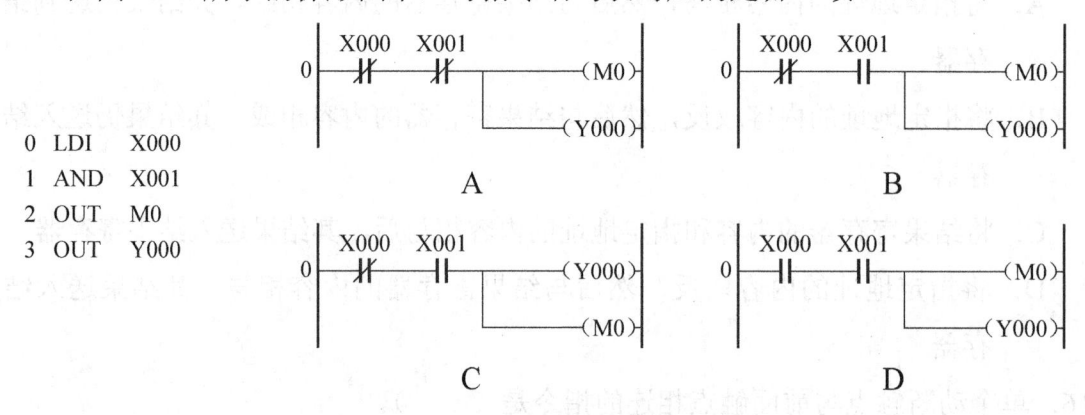

A　　　　　　　　B

C　　　　　　　　D

图 4.2.8　选择题 22 图

23. 在图 4.2.9 所示的梯形图中，正确且规范的是（　　）。

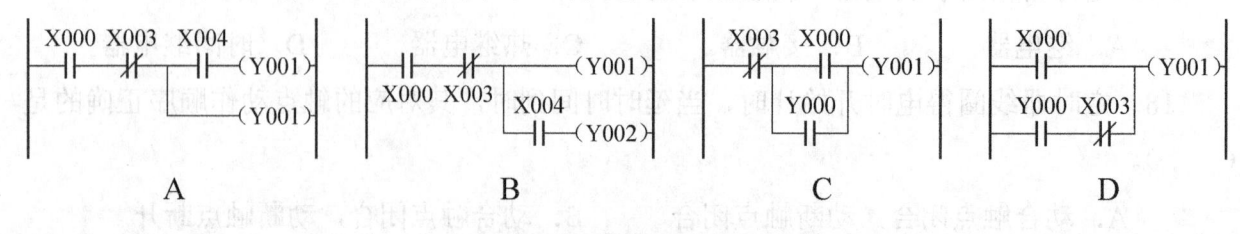

A　　　　　　　　B　　　　　　　　C　　　　　　　　D

图 4.2.9　选择题 23 图

二、填空题

1. LD 指令后面可选操作元件有_____。

2. LD 是_____逻辑指令。

3．LDI 指令后面可选操作元件有_____。

4．LDI 是_____逻辑指令。

5．OUT 指令后面可选操作元件有_____。

6．OUT 是_____驱动指令。

7．定时器每次使用后必须_____，才能再次使用。

8．AND 指令后面可选操作元件有_____。

9．AND 指令完成的是_____逻辑运算。

10．ANI 指令后面可选操作元件有_____。

11．ANI 指令完成的是_____逻辑运算。

12．使用 OUT 指令驱动定时器、计数器时，必须设定_____，_____的设定在编程中占一个_____。

13．因为 PLC 是以循环扫描的方式执行程序的，所以当并联的双线圈输出时（同一编号），只有_____的驱动有效。

14．定时器的复位有两种方法，一种是通过切断_____得电实现；另一种是用定时器本身的_____进行复位。

15．某程序中需要延时 3s，若选用定时器 T10，则其时间常数 K 设为_____；若选择 T210，则其时间常数 K 设为_____。

16．在程序编写过程中不允许出现_____线圈。

三、综合题

1．根据指令语句表画出对应的梯形图。

  LD X004

  OUT Y000

  LDI X005

  OUT Y001

  OUT T50 K10

  LD T50

  OUT Y006

2．根据图 4.2.10 所示的波形图画出对应的梯形图（定时器用 T192～T199，100ms）。

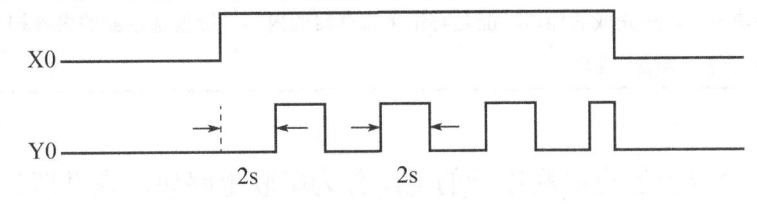

图 4.2.10　综合题 2 图

4.3 FX 系列 PLC 的基本指令（OR、ORI、ANB、ORB）及编程方法

知识梳理

1. 触点并联指令（OR、ORI）

触点并联指令的助记符、功能和可选操作元件如表 4.3.1 所示。

表 4.3.1 触点并联指令的助记符、功能和可选操作元件

助 记 符	功　　能	可选操作元件
OR（或）	动合触点并联，所完成的操作功能是将指定地址的内容与结果寄存器的内容相或，其结果仍送入结果寄存器	X、Y、M、T、C、S
ORI（或非）	动断触点并联，所完成的操作功能是将指定地址的内容取反，然后与结果寄存器的内容相或，其结果仍送入结果寄存器	X、Y、M、T、C、S

使用注意：

OR、ORI 指令是对其前面 LD、LDI 指令所规定的触点再并联一个触点。并联的次数不受限制，即可以连续使用。OR、ORI 指令的使用如图 4.3.1 所示。

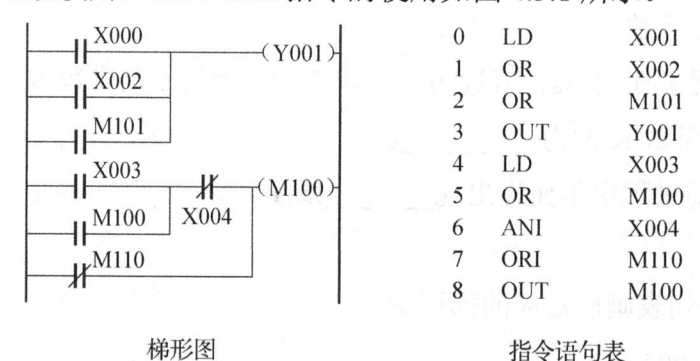

```
0  LD   X001
1  OR   X002
2  OR   M101
3  OUT  Y001
4  LD   X003
5  OR   M100
6  ANI  X004
7  ORI  M110
8  OUT  M100
```

梯形图　　　　　　　　指令语句表

图 4.3.1 OR、ORI 指令的使用

2. 电路块串并联指令（ANB、ORB）

电路块串并联指令的助记符、功能和可选操作元件如表 4.3.2 所示。

表 4.3.2 电路块串并联指令的助记符、功能和可选操作元件

助 记 符	功　　能	可选操作元件
ORB（块或）	电路块并联，所完成的操作功能是将结果寄存器的内容与堆栈寄存器的内容相或，其结果仍送入结果寄存器	无
ANB（块与）	电路块串联，所完成的操作功能是将结果寄存器的内容与堆栈寄存器的内容相与，其结果仍送入结果寄存器	无

使用注意：

（1）两个或两个以上触点串联连接的电路称为串联电路块。在并联连接这种串联电路块时，在支路起点要用 LD 或 LDI 指令，而在该支路的终点要用 ORB 指令。

（2）ORB 指令有两种使用方法，一种是分散使用 ORB 指令，其并联电路块的个数没

有限制；另一种是集中使用 ORB 指令。使用次数不允许超过 8 次，所以不推荐集中使用。ORB 指令的使用如图 4.3.2 所示。

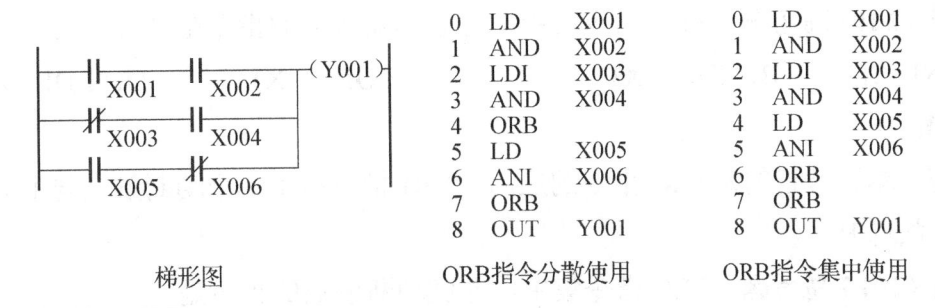

```
                        0  LD   X001        0  LD   X001
                        1  AND  X002        1  AND  X002
   X001   X002          2  LDI  X003        2  LDI  X003
   ─┤├────┤├──(Y001)    3  AND  X004        3  AND  X004
   X003   X004          4  ORB              4  LD   X005
   ─┤/├───┤├─           5  LD   X005        5  ANI  X006
   X005   X006          6  ANI  X006        6  ORB
   ─┤├────┤/├─          7  ORB              7  ORB
                        8  OUT  Y001        8  OUT  Y001

      梯形图            ORB指令分散使用     ORB指令集中使用
```

图 4.3.2　ORB 指令的使用

（3）两个或两个以上触点并联连接的电路称为并联电路块。将并联电路块与前面电路串联连接时使用 ANB 指令，分支的起点使用 LD 或 LDI 指令，在并联电路块结束后，使用 ANB 指令与前面电路串联。ANB 指令的使用如图 4.3.3 所示。

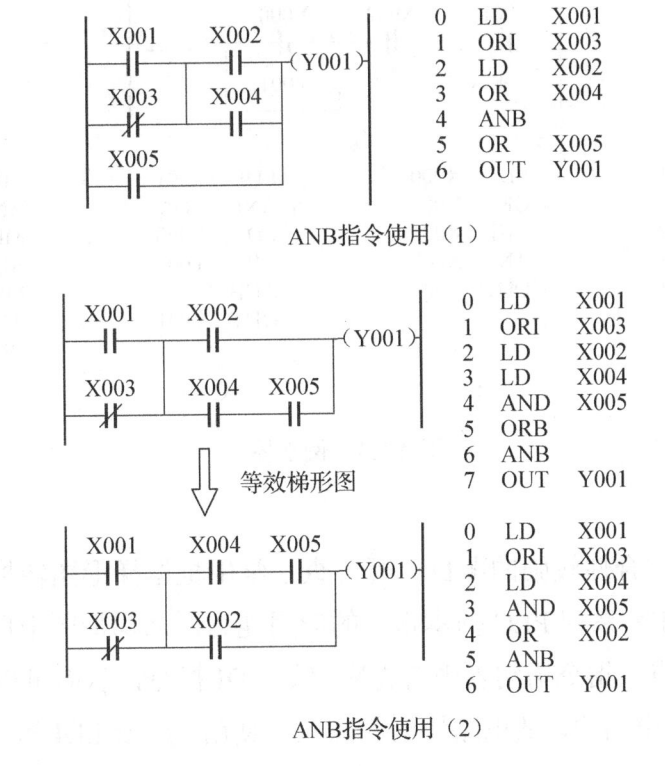

```
   X001   X002           0  LD   X001
   ─┤├────┤├──(Y001)     1  ORI  X003
   X003   X004           2  LD   X002
   ─┤/├───┤├─            3  OR   X004
                         4  ANB
                         5  OR   X005
   X005                  6  OUT  Y001
   ─┤├─

         ANB指令使用（1）
```

```
   X001   X002                    0  LD   X001
   ─┤├────┤├─────────(Y001)       1  ORI  X003
   X003   X004   X005             2  LD   X002
   ─┤/├───┤├────┤├─               3  LD   X004
                                  4  AND  X005
          ⇓                       5  ORB
        等效梯形图                 6  ANB
                                  7  OUT  Y001

   X001   X004   X005             0  LD   X001
   ─┤├────┤├────┤├───(Y001)       1  ORI  X003
   X003   X002                    2  LD   X004
   ─┤/├───┤├─                     3  AND  X005
                                  4  OR   X002
                                  5  ANB
                                  6  OUT  Y001

         ANB指令使用（2）
```

图 4.3.3　ANB 指令的使用

经典例题解析

【例 1】（2010 高考题）OR 指令的作用是（　　）。

A．用于单个动合触点与前面的触点串联连接

B．用于单个动断触点与上面的触点并联连接

C．用于单个动断触点与前面的触点串联连接

D．用于单个动合触点与上面的触点并联连接

【答案】：D

【解析】：本题考查的是 OR 指令的应用。OR 指令用于单个动合触点与上面的触点的并联连接。故选 D。

【例2】（2013高考题）PLC指令集中，并联动断触点的指令是（　　）。

A. ANI　X1　　B. ORI　X1　　C. OR　X1　　D. LDI　X1

【答案】：B

【解析】：本题考查的是 ORI 指令的应用。ORI 指令用于单个动断触点与上面的触点的并联连接。故选 B。

【例3】（2015高考题）PLC指令集中，并联动断触点的指令是_____。

【答案】：ORI

【解析】：本题考查的是 ORI 指令的应用。在 FX 系列 PLC 指令集中用于动断触点并联连接的指令是 ORI，所以答案为 ORI。

【例4】（2018年二轮联考）如图4.3.4所示，将梯形图转换成指令语句表正确的是（　　）。

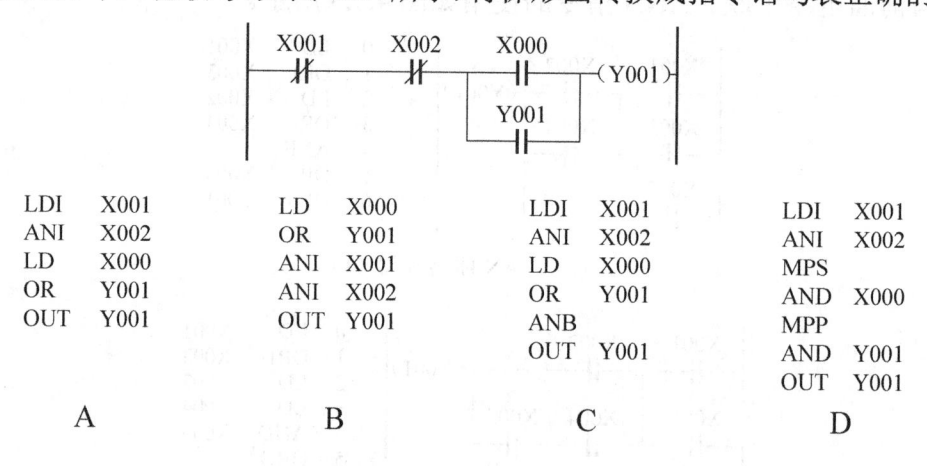

```
    X001   X002   X000
    ─┤/├──┤/├──┤ ├──(Y001)
                 Y001
                ─┤ ├─
```

A	B	C	D
LDI　X001	LD　X000	LDI　X001	LDI　X001
ANI　X002	OR　Y001	ANI　X002	ANI　X002
LD　X000	ANI　X001	LD　X000	MPS
OR　Y001	ANI　X002	OR　Y001	AND　X000
OUT　Y001	OUT　Y001	ANB	MPP
		OUT　Y001	AND　Y001
			OUT　Y001

图 4.3.4　例5图

【答案】：C

【解析】：这是个综合性较强的题目，既考查了学生根据梯形图转换成指令语句表的能力，又考查了学生对 FX 系列 PLC 基本指令的应用能力。从梯形图中可以看出直接与左母线相连接的是动断触点，指令语句表中首先应该是 LDI 指令，从而可以排除 B 项；再就是 X002 后面是一个并联电路块，故电路块的起点应该使用 LD 或 LDI 指令，从而可以排除 D 项；最后就是并联电路块串联应该使用 ANB 指令，从而可以排除 A 项。故选 C。

同步练习

一、选择题

1. OR 指令的作用是（　　）。

   A. 用于单个动合触点与前面的触点串联连接

   B. 用于单个动断触点与上面的触点并联连接

   C. 用于单个动断触点与前面的触点串联连接

   D. 用于单个动合触点与上面的触点并联连接

2. 单个动合触点与上面的触点进行并联连接的指令是（　　）。

   A．AND　　　　B．OR　　　　C．ANI　　　　D．ORI

3. ORI 指令的作用是（　　）。

   A．用于单个动合触点与前面的触点串联连接

   B．用于单个动断触点与上面的触点并联连接

   C．用于单个动断触点与前面的触点串联连接

   D．用于单个动合触点与上面的触点并联连接

4. 单个动断触点与上面的触点进行并联连接的指令是（　　）。

   A．AND　　　　B．OR　　　　C．ANI　　　　D．ORI

5. ORB 指令的作用是（　　）。

   A．串联电路块的串联连接　　　　B．串联电路块的并联连接

   C．并联电路块的串联连接　　　　D．并联电路块的并联连接

6. 表示逻辑块与逻辑块之间并联连接的指令是（　　）。

   A．AND　　　　B．ORB　　　　C．ANB　　　　D．OR

7. ANB 指令的作用是（　　）。

   A．串联电路块的串联连接　　　　B．串联电路块的并联连接

   C．并联电路块的串联连接　　　　D．并联电路块的并联连接

8. 表示逻辑块与逻辑块之间串联连接的指令是（　　）。

   A．AND　　　　B．ANB　　　　C．OR　　　　D．ORB

9. OR 指令所完成的操作功能是（　　）。

   A．将指定地址的内容求反，然后与结果寄存器的内容相或，其结果仍送入结果寄存器

   B．将指定地址的内容与结果寄存器的内容相或，其结果送入结果寄存器

   C．将结果寄存器的内容与堆栈寄存器的内容相或，其结果送入结果寄存器

   D．将结果寄存器的内容与堆栈寄存器的内容相与，其结果送入结果寄存器

10. ANB 指令所完成的操作功能是（　　）。

    A．将指定地址的内容求反，然后与结果寄存器的内容相或，其结果仍送入结果寄存器

    B．将指定地址的内容与结果寄存器的内容相或，其结果仍送入结果寄存器

    C．将结果寄存器的内容与堆栈寄存器的内容相或，其结果仍送入结果寄存器

    D．将结果寄存器的内容与堆栈寄存器的内容相与，其结果仍送入结果寄存器

11. ORB 指令有两种使用方法，一种是分散使用；另一种是集中使用，但集中使用的次数不能超过（　　）次。

    A．9　　　　B．11　　　　C．8　　　　D．10

12. 电路块的串联或并联连接当中，支路的起点使用的指令为（　　）。

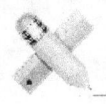

A．LD 或 LDI B．OR 或 ORI C．LD 或 OR D．LDI 或 ORI

13．下列指令使用正确的是（　　）。

　　A．AND M0 B．ORB M1 C．ANB M0 D．OUT X1

14．如图 4.3.5 所示，与梯形图相对应的指令语句表是（　　）。

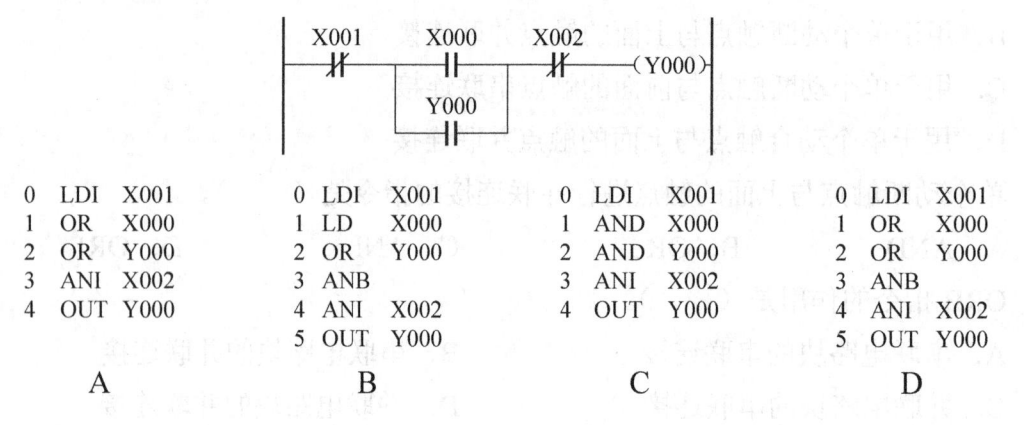

```
0  LDI  X001        0  LDI  X001        0  LDI  X001        0  LDI  X001
1  OR   X000        1  LD   X000        1  AND  X000        1  OR   X000
2  OR   Y000        2  OR   Y000        2  AND  Y000        2  OR   Y000
3  ANI  X002        3  ANB                3  ANI  X002        3  ANB
4  OUT  Y000        4  ANI  X002        4  OUT  Y000        4  ANI  X002
                    5  OUT  Y000                              5  OUT  Y000
     A                   B                    C                    D
```

图 4.3.5　选择题 14 图

15．如图 4.3.6 所示，将梯形图转换成指令语句表正确的是（　　）。

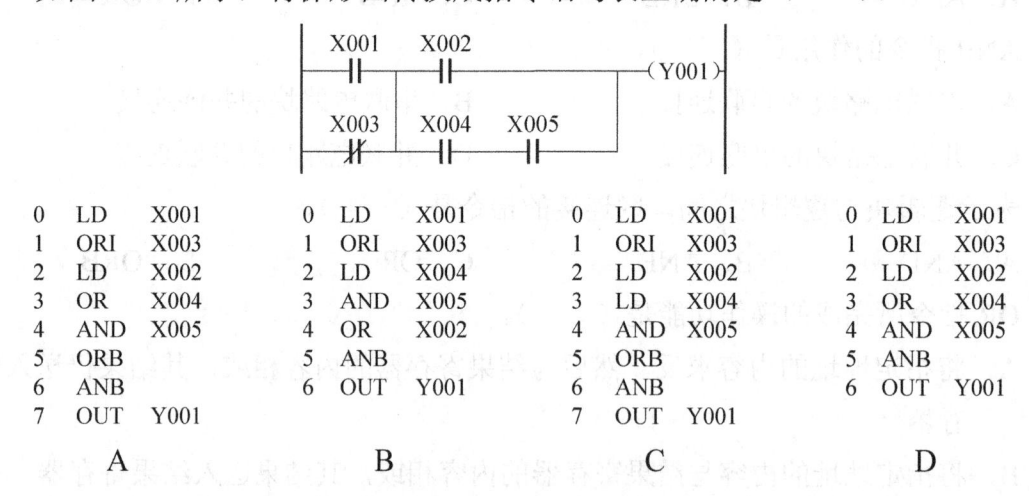

```
0  LD   X001        0  LD   X001        0  LD   X001        0  LD   X001
1  ORI  X003        1  ORI  X003        1  ORI  X003        1  ORI  X003
2  LD   X002        2  LD   X004        2  LD   X002        2  LD   X002
3  OR   X004        3  AND  X005        3  LD   X004        3  OR   X004
4  AND  X005        4  OR   X002        4  AND  X005        4  AND  X005
5  ORB                5  ANB              5  ORB              5  ANB
6  ANB                6  OUT  Y001        6  ANB              6  OUT  Y001
7  OUT  Y001                              7  OUT  Y001
     A                   B                    C                    D
```

图 4.3.6　选择题 15 图

16．根据指令语句表选择正确的梯形图为图 4.3.7 中的（　　）。

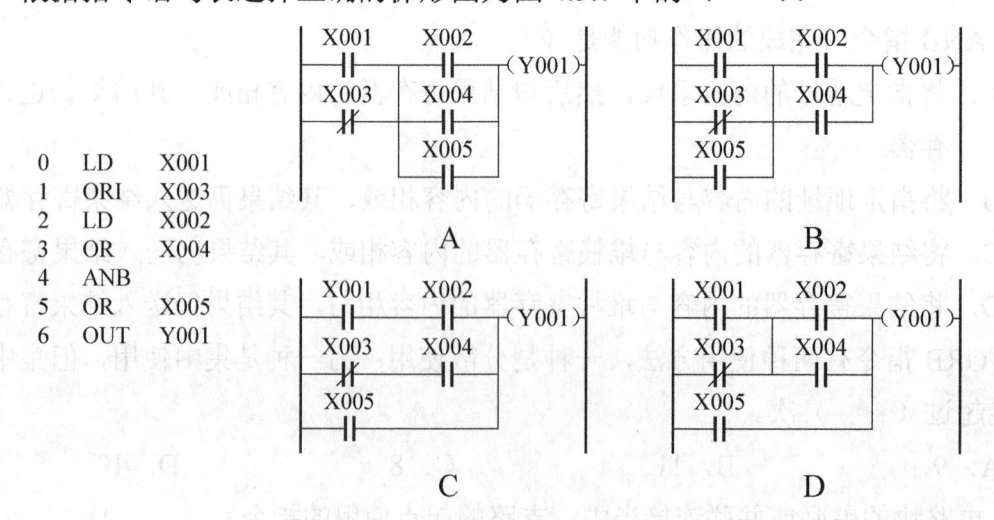

```
0  LD   X001
1  ORI  X003
2  LD   X002
3  OR   X004
4  ANB
5  OR   X005
6  OUT  Y001
```

图 4.3.7　选择题 16 图

17．在图 4.3.8 中，梯形图使用正确且规范的是（　　）。

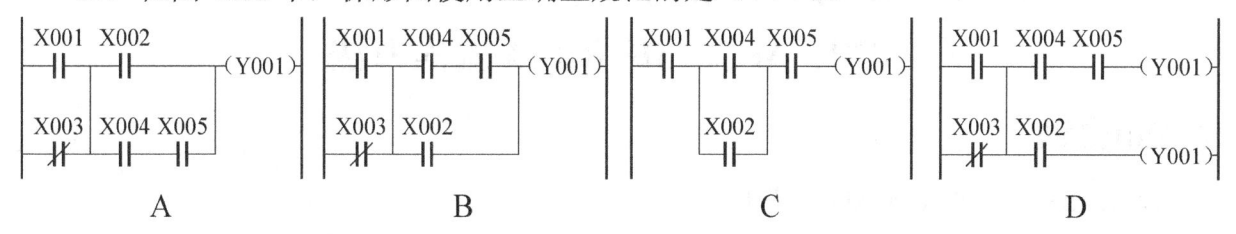

A　　　　　　　　B　　　　　　　　C　　　　　　　　D

图 4.3.8　选择题 17 图

二、填空题

1．OR 指令后面可选操作元件有_____。

2．OR 指令可用来完成_____逻辑运算。

3．ORI 指令后面可选操作元件有_____。

4．ORI 指令可用来完成_____逻辑运算。

5．ORB、ANB 指令后面没有_____。

6．ORB 指令实现的是串联电路块的_____逻辑运算。

7．ANB 指令实现的是并联电路块的_____逻辑运算。

8．ORB 指令有两种使用方法，一种是_____；另一种是_____。

9．两个或两个以上触点串联连接的电路称为_____电路块。

10．在并联连接串联电路块时，在支路起点要用_____指令，而在该支路的终点要用_____指令。

11．两个或两个以上触点并联连接的电路称为_____电路块。

12．在串联连接并联电路块时，在支路起点要用_____指令，而在该支路的终点要用_____指令。

三、综合题

1．请将图 4.3.9 所示的梯形图（a）和梯形图（b）转换为指令语句表。

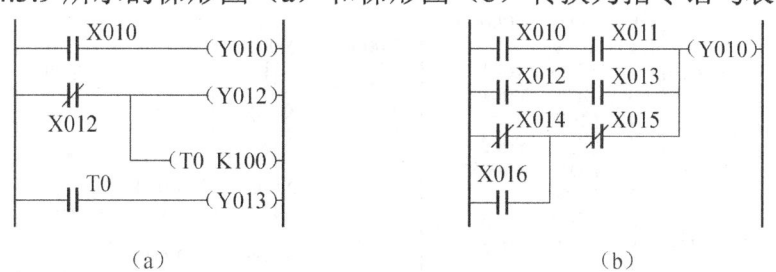

(a)　　　　　　　　　　　(b)

图 4.3.9　综合题 1 图

2．将图 4.3.10 所示的梯形图转换为指令语句表。

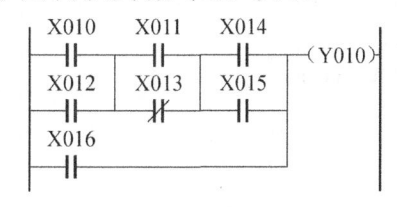

图 4.3.10　综合题 2 图

4.4 FX 系列 PLC 的基本指令（MPS、MRD、MPP、MC、MCR）及编程方法

知识梳理

1. 栈指令（MPS、MRD、MPP）

栈指令的助记符、功能和可选操作元件如表 4.4.1 所示。

表 4.4.1 栈指令的助记符、功能和可选操作元件

助 记 符	功 能	可选操作元件
MPS（进栈）	栈指令用于多分支输出的电路，所完成的操作功能是将多分支输出电路中连接点的状态先存储，再用于连接后面电路的编程	无
MPD（读栈）		无
MPP（出栈）		无

说明：

（1）FX 系列的 PLC 中有 11 个存储中间结果的存储区域称栈存储器，所以 MPS/MPP 指令连续使用次数不能超过 11 次。

（2）MPS、MPP 指令必须成对使用。

栈指令使用说明一、二如图 4.4.1 和图 4.4.2 所示。栈指令嵌套使用说明如图 4.4.3 所示。

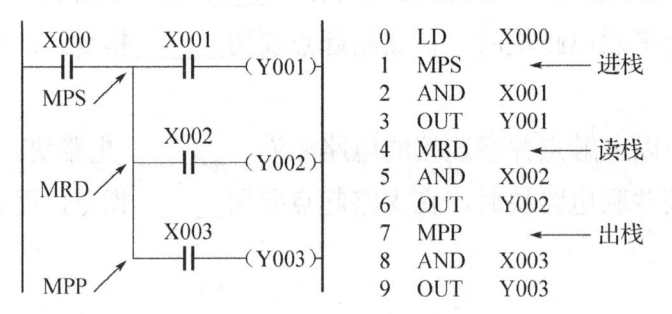

图 4.4.1 栈指令使用说明一

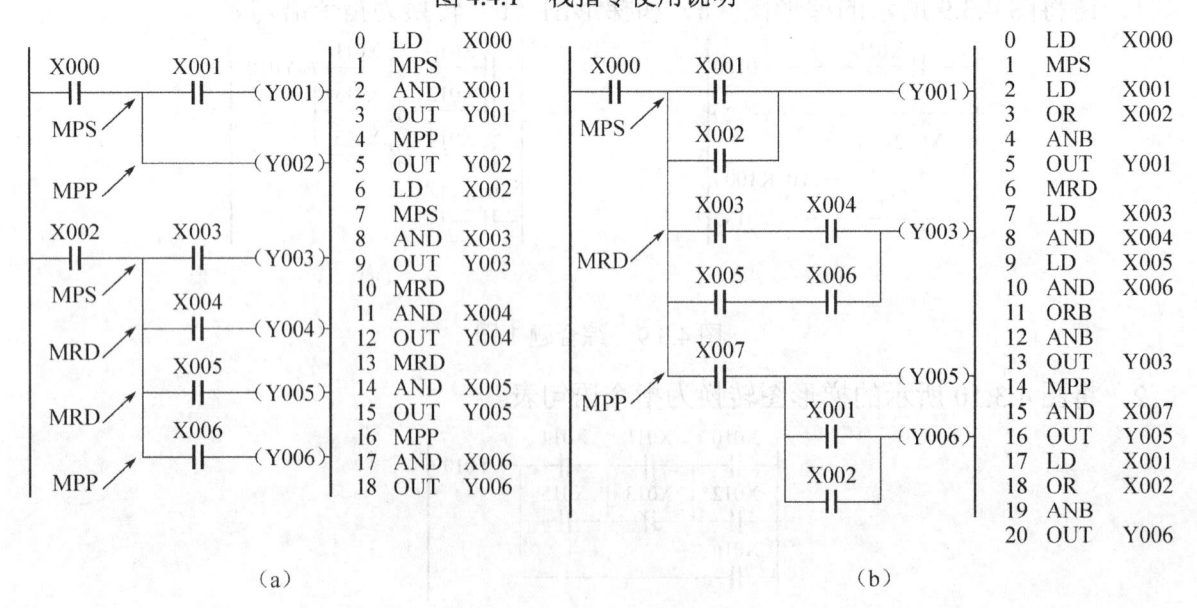

图 4.4.2 栈指令使用说明二

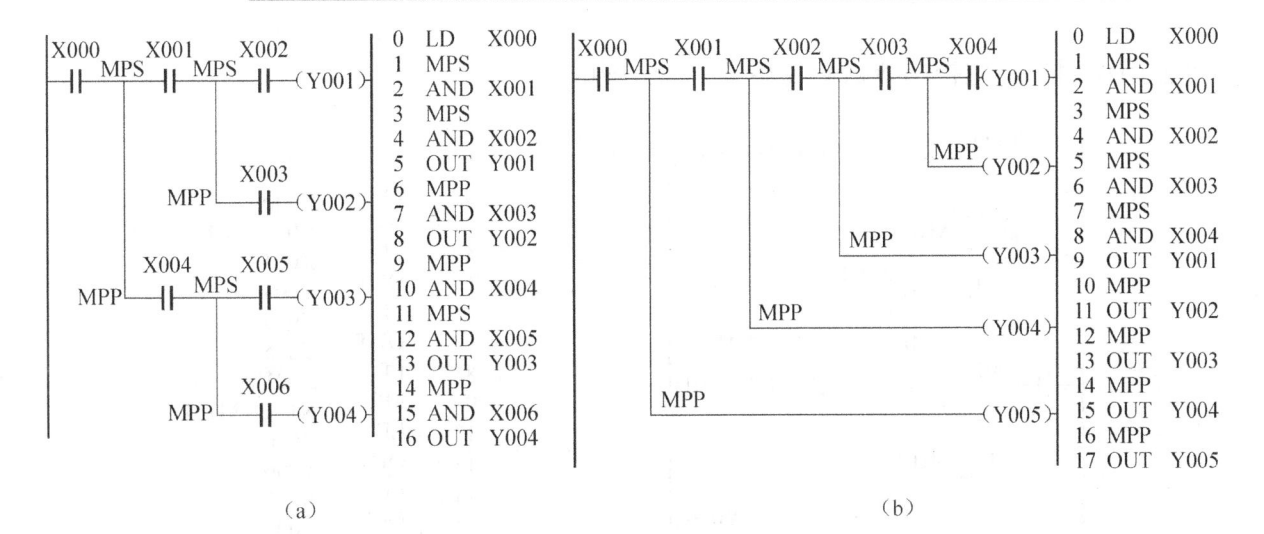

```
(a)                                              (b)
X000 X001 X002                                   X000 X001 X002 X003 X004
─┤├──MPS─┤├──MPS─┤├──(Y001)                     ─┤├──MPS─┤├──MPS─┤├──MPS─┤├──MPS─┤├──(Y001)
              │                                                          │
              │    X003                                                  MPP─(Y002)
              MPP──┤├──(Y002)                                             │
         │                                                               MPP──(Y003)
         │    X004  X005                                                  │
         MPP──┤├──MPS──┤├──(Y003)                                         MPP──(Y004)
                   │                                                      │
                   │   X006                                               MPP──(Y005)
                   MPP──┤├──(Y004)
```

0	LD	X000			0	LD	X000
1	MPS				1	MPS	
2	AND	X001			2	AND	X001
3	MPS				3	MPS	
4	AND	X002			4	AND	X002
5	OUT	Y001			5	MPS	
6	MPP				6	AND	X003
7	AND	X003			7	MPS	
8	OUT	Y002			8	AND	X004
9	MPP				9	OUT	Y001
10	AND	X004			10	MPP	
11	MPS				11	OUT	Y002
12	AND	X005			12	MPP	
13	OUT	Y003			13	OUT	Y003
14	MPP				14	MPP	
15	AND	X006			15	OUT	Y004
16	OUT	Y004			16	MPP	
					17	OUT	Y005

图 4.4.3 栈指令嵌套使用说明

2. 主控指令（MC、MCR）

主控指令的助记符、功能和可选操作元件如表 4.4.2 所示。

表 4.4.2 主控指令的助记符、功能和可选操作元件

助记符	功　能	可选操作元件
MC（主控）	主控指令所完成的操作功能是若某一触点（或一组触点）的条件满足时，则按正常顺序执行；若当一条件不满足时，则不执行某部分程序，与这部分程序相关的继电器状态全为 OFF	N、Y、M（特殊辅助继电器除外）
MCR（主控复位）		N（嵌套）

说明：

（1）在编程时，经常遇到多个线圈同时受一个或一组触点控制的情况。若在每个线圈的控制电路中都编入该逻辑条件，则必然使程序变长。对于这种情况，可以采用主控指令来解决。图 4.4.4 所示的 MC、MCR 指令使用说明一为解决此种情况的一个示例。

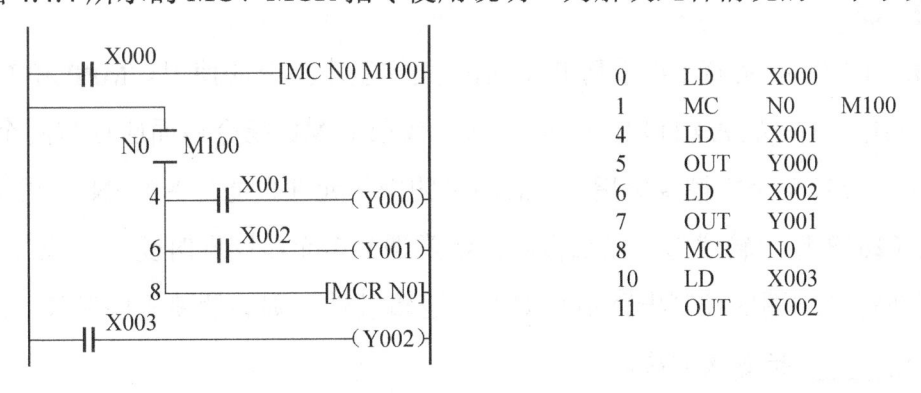

```
    X000
────┤├──────────────[MC N0 M100]
         N0  M100
         ────┬──
    X001     │
 4 ─┤├───────(Y000)
    X002     │
 6 ─┤├───────(Y001)
            │
 8          [MCR N0]
    X003
────┤├───────(Y002)
```

0	LD	X000	
1	MC	N0	M100
4	LD	X001	
5	OUT	Y000	
6	LD	X002	
7	OUT	Y001	
8	MCR	N0	
10	LD	X003	
11	OUT	Y002	

图 4.4.4 MC、MCR 指令使用说明一

（2）编程时对于主母线中串接的触点不输入其指令，即 N0 M100，它仅是主控指令的标记。

（3）MC 指令内再使用 MC 指令时，嵌套级 N 的编号（0～7）顺次增大，即从小到大，返回时使用 MCR 指令，从大的嵌套级开始解除，即从大到小。图 4.4.5 所示的 MC、MCR

指令使用说明二为主控指令嵌套使用的一个示例。

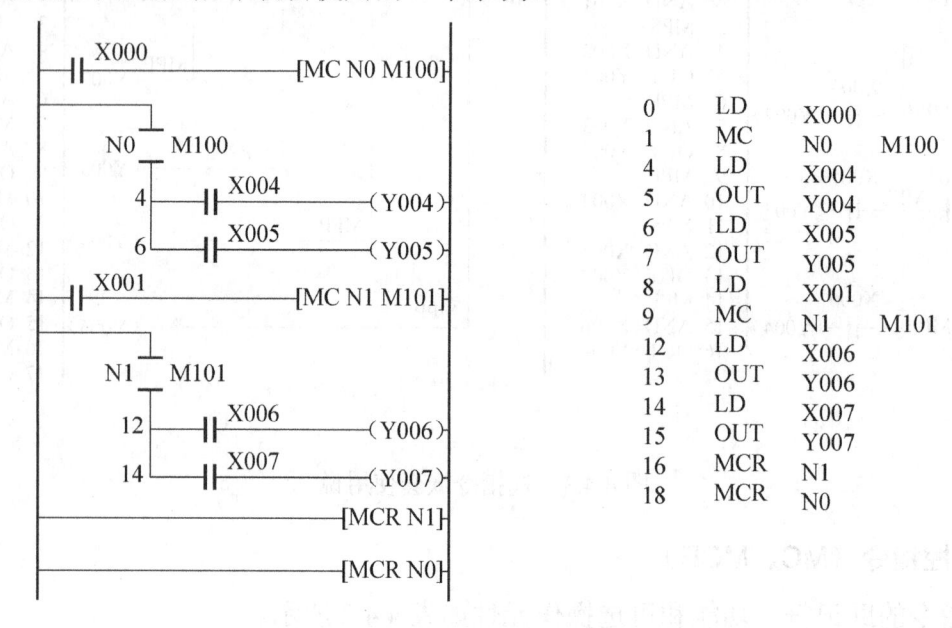

```
       X000
   ——| |——————————————[MC N0 M100]
       
   N0  M100
   ——| |——
    4    X004
      ——| |——————————(Y004)
    6    X005
      ——| |——————————(Y005)
       X001
   ——| |——————————————[MC N1 M101]
       
   N1  M101
   ——| |——
   12    X006
      ——| |——————————(Y006)
   14    X007
      ——| |——————————(Y007)
                       [MCR N1]
                       [MCR N0]
```

0	LD	X000	
1	MC	N0	M100
4	LD	X004	
5	OUT	Y004	
6	LD	X005	
7	OUT	Y005	
8	LD	X001	
9	MC	N1	M101
12	LD	X006	
13	OUT	Y006	
14	LD	X007	
15	OUT	Y007	
16	MCR	N1	
18	MCR	N0	

图 4.4.5 MC、MCR 指令使用说明二

（4）MC 指令是将它操作的触点接到主母线上，主控触点后面形成新的母线，在新母线上的支路必须以 LD/LDI 指令开始，用 MCR 指令将新母线返回到原母线，MC/MCR 指令必须成对使用。

（5）主控指令可以连续使用，主控条件之间可以插入其他程序。

经典例题解析

【例1】下列指令使用正确的是（　　）。

A．MPP M0　　B．MC M101　　C．MCR N0　　D．MPS X0

【答案】：C

【解析】：本题主要考查 FX 系列 PLC 指令集中基本指令的使用。MPP 和 MPS 指令后不能带任何操作元件，故 A 项和 D 项都不正确；B 项中 MC 指令后面应该带两个操作元件，不正确；C 项中 MCR 是主控复位指令，后面带的操作元件只能是 N0~N7，正确。故选 C。

【例2】（2018年一轮联考）在编程时，经常遇到多个线圈同时受一个或一组触点控制的情况。若在每个线圈的控制电路中都编入该逻辑条件，则必然使程序变长。对于这种情况，可以采用_____指令来解决。

【答案】：主控

【解析】：本题考查的是 PLC 指令集中主控制指令（MC、MCR）的使用。

【例3】下列说法正确的是（　　）。

A．多重输出语句 MPS、MRD、MPP 指令嵌套次数无限制

B．ORB 指令集中使用的次数最多 11 次

C．MC、MCR 指令最多嵌套 8 级

D．ANB 指令不可以集中使用

【答案】：C

【解析】：这是一个综合性题目，考查学生对 PLC 基本指令的理解。A 选项中 MPS、MRD、MPP 指令嵌套使用的次数是有限制的，嵌套深度为 11；B 选项中 ORB 指令集中使用的次数最多为 8 次；D 选项中 ANB 指令是可以集中使用的。故选 C。

同步练习

一、选择题

1. 下列指令用于多分支输出的是（　　）。

   A．MC　MCR　　B．MPS　MPP　　C．OUT　　　　D．MRD

2. FX 系列 PLC 中有（　　）个栈存储器。

   A．11　　　　　B．10　　　　　C．8　　　　　D．16

3. 主控指令嵌套级 N 的编号顺序是（　　）。

   A．从大到小　　B．从小到大　　C．随机嵌套　　D．同一数码

4. 主控指令（MC、MCR）所完成的功能是（　　）。

   A．将指定地址的内容求反，然后与结果寄存器的内容相或，其结果仍送入结果寄存器

   B．将指定地址的内容与结果寄存器的内容相或，其结果仍送入结果寄存器

   C．将多分支输出电路中连接点的状态先存储，再用于连接后面电路的编程

   D．若某一触点或某一组触点的条件满足时，则按正常顺序执行；若这一条件不满足时，则不执行某部分程序，与这部分程序相关的继电器状态全为 OFF

5. 下列指令中不用带操作元件的是（　　）。

   A．OUT　　　　B．AND　　　　C．OR　　　　D．MPP

6. 下列指令使用不正确的是（　　）。

   A．OUT　Y0　　　　　　　　　B．AND　X0

   C．MC　N0　M100　　　　　　D．MCR　N0　M100

7. 下列说法正确的是（　　）。

   A．OUT 指令可以用来驱动输入继电器

   B．MC、MCR 指令可以单独使用

   C．MPS、MRD、MPP 指令必须成对使用

   D．执行 MPP 指令后栈寄存器中的数据被清空

8. 下列说法错误的是（　　）。

A．MPS、MRD、MPP 指令后面必须带操作元件

B．MC、MCR 指令可以嵌套使用，嵌套的深度为八

C．MC 指令后面必须带两个操作元件，MCR 必须带一个操作元件

D．MPS、MPP 指令必须成对使用

9．将栈中由 MPS 指令存储的结果读出并清除栈中的内容的指令是（　　）。

  A．SP　　　　　　B．MPS　　　　　　C．MPP　　　　　　D．MRD

10．MPS 和 MPP 指令嵌套使用必须少于（　　）次。

  A．11　　　　　　B．10　　　　　　C．8　　　　　　D．7

11．MC、MCR 指令可嵌套使用，最大可嵌套（　　）级。

  A．10　　　　　　B．7　　　　　　C．8　　　　　　D．11

12．主控指令嵌套级 N 的编号顺序增大，而返回时的顺序是（　　）。

  A．从大到小　　　B．从小到大　　　C．随机嵌套　　　D．同一数码

13．在 PLC 的指令系统中，栈指令用于（　　）。

  A．单输入电路　　B．单输出电路　　C．多输出电路　　D．多输入电路

14．必须成对出现的指令是（　　）。

  A．MPP、MRD　　B．SET、RST　　C．MC、MCR　　D．MPS、MRD

15．当预置触发信号为 OFF 时，MC 和 MCR 指令之间控制继电器保持现状的是（　　）。

  A．积算定时器　　　　　　　　　　B．非积算定时器

  C．非累积计数器　　　　　　　　　D．用 OUT 指令驱动的继电器

16．根据图 4.4.6 所示的梯形图，下列选项中指令语句表正确的是（　　）。

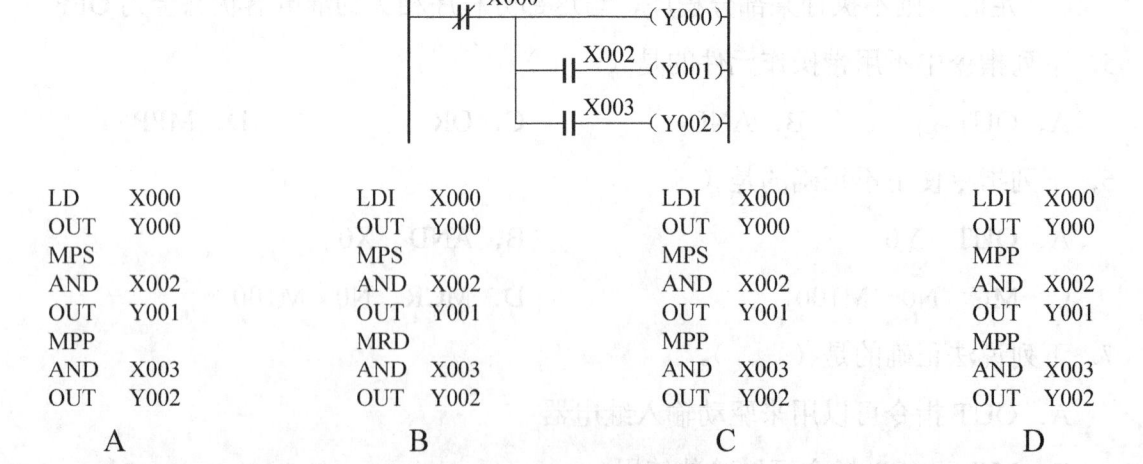

LD X000	LDI X000	LDI X000	LDI X000
OUT Y000	OUT Y000	OUT Y000	OUT Y000
MPS	MPS	MPS	MPP
AND X002	AND X002	AND X002	AND X002
OUT Y001	OUT Y001	OUT Y001	OUT Y001
MPP	MRD	MPP	MPP
AND X003	AND X003	AND X003	AND X003
OUT Y002	OUT Y002	OUT Y002	OUT Y002
A	B	C	D

图 4.4.6　选择题 16 图

17．如图 4.4.7 所示，与指令语句表对应的梯形图是（　　）。

步 序 号	助 记 符	操作元件	步 序 号	助 记 符	操作元件
0	LD	X000	8	OUT	Y001
1	MPS		9	MPP	
2	AND	X001	10	AND	X004
3	MPS		11	OUT	Y002
4	ANI	X002	12	MPP	
5	OUT	Y000	13	AND	X005
6	MRD		14	OUT	Y003
7	AND	X003			

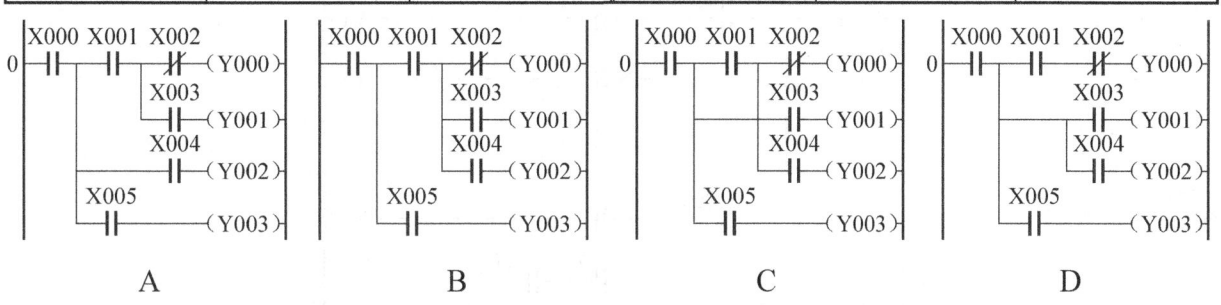

A　　　　　　　B　　　　　　　C　　　　　　　D

图 4.4.7　选择题 17 图

二、填空题

1．MPS 是_____指令，MRD 是_____指令，MPP 是_____指令。

2．MPS、MRD、MPP 指令后面无_____。

3．MPS、MRD 指令必须_____使用。

4．栈指令所完成的操作功能是将多分支输出电路中连接点的状态先存储于_____存储器中，再用于连接后面电路的编程。

5．MC 是_____指令，MCR 是_____指令。

6．MC 指令后面的操作元件有_____个，MCR 指令后面的操作元件有_____个。

7．MC、MCR 指令使用时必须_____。

8．在编程时，经常遇到多个线圈同时受到一个或一组触点控制的情况，若在每个线圈的控制电路中都编入该逻辑条件，则必然使程序变长。对于这种情况可以采用_____来解决。

9．MC 指令内再使用 MC 指令时，嵌套级 N 的编号顺序是____，返回时使用 MCR 指令，_____的顺序开始解除。

10．MC 指令是将它操作的触点接到主母线上，主控触点后面形成新的母线，在新母线上的支路必须以_____指令开始，用 MCR 指令将新母线返回到原母线。

三、综合题

1．根据图 4.4.8 所示的梯形图写出对应的指令语句表。

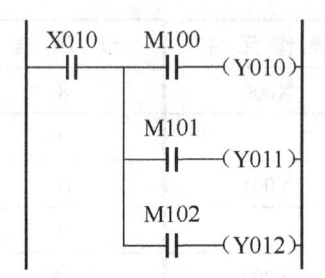

```
   X010   M100
    ├┤────┤├──────────(Y010)
          │
          │  M101
          ├──┤├───────(Y011)
          │
          │  M102
          └──┤├───────(Y012)
```

图 4.4.8　综合题 1 图

2. 将图 4.4.9 所示的梯形图转换为指令语句表。

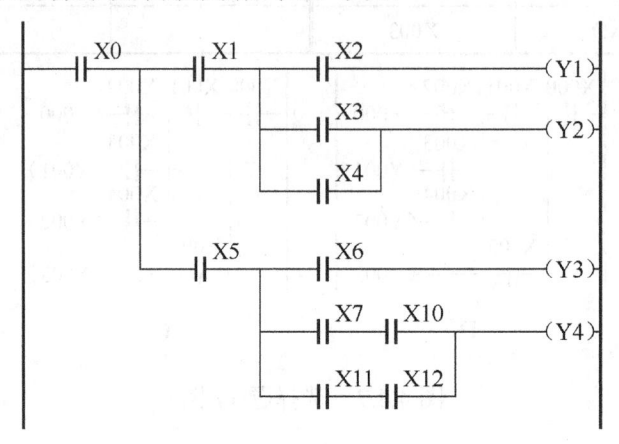

```
 X0   X1   X2
─┤├──┤├──┤├──────(Y1)
         │
         │ X3
         ├─┤├────(Y2)
         │
         │ X4
         └─┤├────┐
                │
 X5   X6        │
─┤├──┤├─────────┴─(Y3)
         │
         │ X7  X10
         ├─┤├──┤├──┐
         │        │
         │ X11 X12│
         └─┤├──┤├─┴──(Y4)
```

图 4.4.9　综合题 2 图

4.5　FX 系列 PLC 的基本指令（SET、RST、PLS、PLF、NOP、END）及编程方法

知识梳理

1. 置位与复位指令（SET、RST）

置位与复位指令的助记符、功能和可选操作元件如表 4.5.1 所示。

表 4.5.1　置位与复位指令的助记符、功能和可选操作元件

助　记　符	功　　能	可选操作元件
SET（置位）	令元件保持 ON 状态	Y、M、S
RST（复位）	令元件保持 OFF 状态	Y、M、S、T、C、D

SET、RST 指令的使用如图 4.5.1 所示，图中的 X0 触点闭合，Y0 得电处于保持的状态，即使 X0 再断开对 Y0 也无影响，Y0 得电的状态一直保持到 X1 触点闭合，复位指令 RST 到来。

```
  X000
──┤├──────[SET Y000]         LD   X000
                             SET  Y000
     ⋮
  X001
──┤├──────[RST Y000]         LD   X001
                             RST  Y001
```

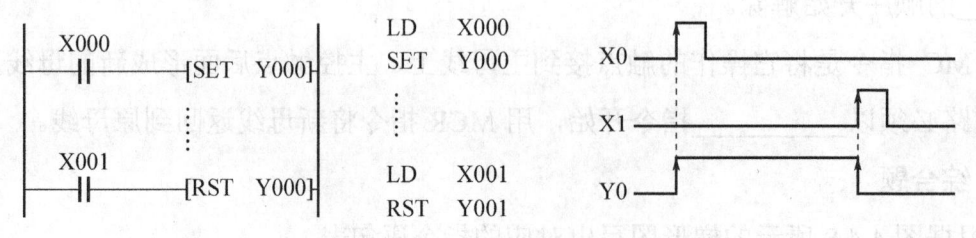

图 4.5.1　SET、RST 指令的使用

说明：

（1）SET 和 RST 均为有记忆力的指令，常成对使用，RST 指令具有优先级。

（2）用 RST 指令可以对定时器、计数器、数据寄存器和变址寄存器的内容清零。

（3）计数器的计数信号和复位信号同时到来时，复位信号优先。

（4）计数器每次使用后需采用 RST 指令复位一次，才能再次使用。

（5）计数器的计数常数可以通过常数直接设定，也可以通过数据寄存器间接设定。

计数器计数常数的设定如图 4.5.2 所示

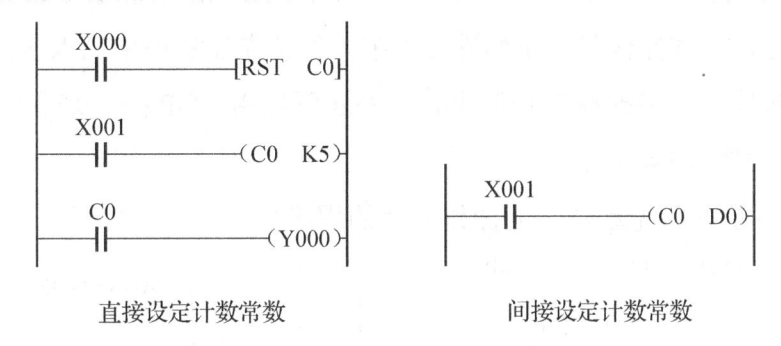

图 4.5.2　计数器计数常数的设定

2．脉冲指令（PLS、PLF）

脉冲指令的助记符、功能和可选操作元件如表 4.5.2 所示。

表 4.5.2　脉冲指令的助记符、功能和可选操作元件

助　记　符	功　　能	可选操作元件
PLS	脉冲上微分指令，在输入信号的上升沿产生脉冲输出	Y、M
PLF	脉冲下微分指令，在输入信号的下降沿产生脉冲输出	Y、M

说明：

（1）使用 PLS 指令时，元件 Y、M 仅在驱动输入触点闭合后的一个扫描周期内动作。而使用 PLF 指令时，元件 Y、M 仅在驱动输入触点断开后的一个扫描周期内动作。PLS、PLF 指令使用说明如图 4.5.3 所示。

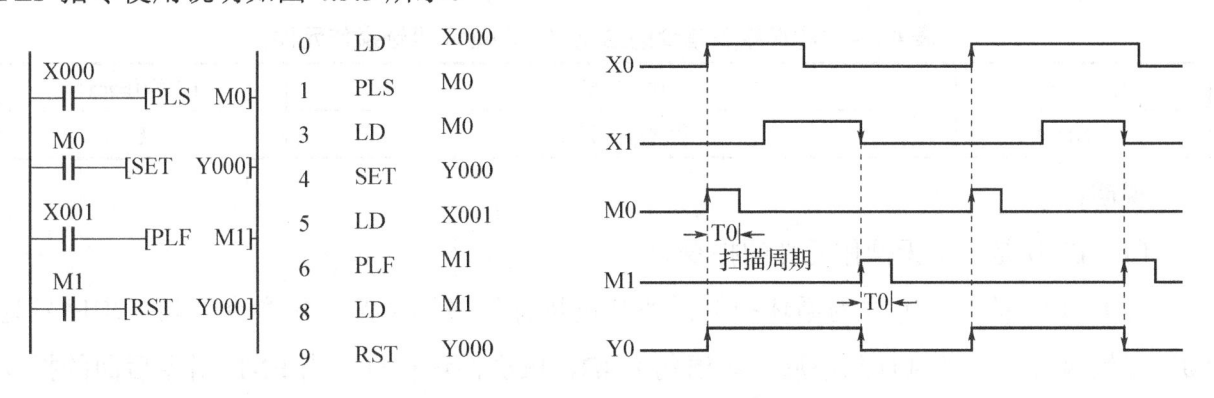

图 4.5.3　PLS、PLF 指令使用说明

3. 空操作指令（NOP）

空操作指令的助记符、功能和可选操作元件如表 4.5.3 所示。

表 4.5.3 空操作指令的助记符、功能和可选操作元件

助 记 符	功 能	可选操作元件
NOP	空操作指令	无

说明：

（1）NOP 指令的两个作用，一是在 PLC 的执行程序全部清除后，用 NOP 指令显示；二是用于修改程序，具体操作是：在编程过程中，若预先在程序中插入 NOP 指令，则修改程序时，可以使步序号的更改减少到最小。此外还可以用 NOP 指令来取代已写入的指令。用 NOP 指令修改如图 4.5.4 所示。

（2）NOP 指令是一条无动作、无操作元件的程序步。

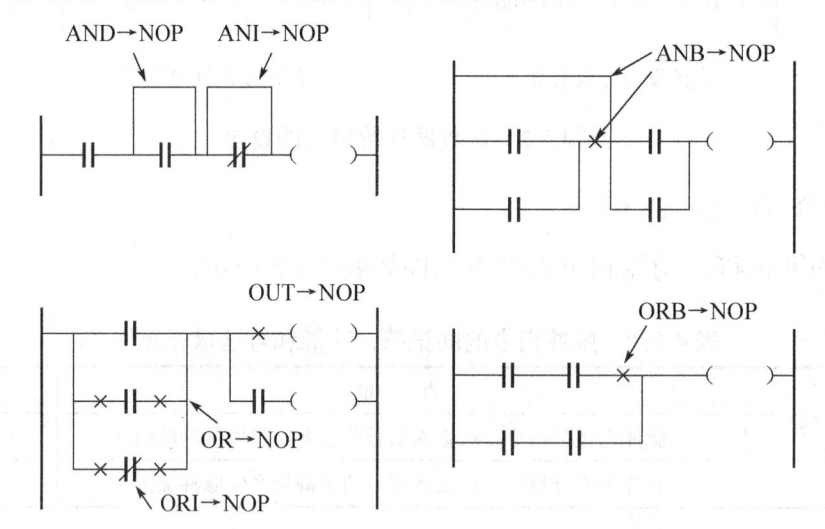

图 4.5.4 用 NOP 指令修改

4. 程序结束指令（END）

程序结束指令的助记符、功能和可选操作元件如表 4.5.4 所示。

表 4.5.4 程序结束指令的助记符、功能和可选操作元件

助 记 符	功 能	可选操作元件
END	程序结束指令	无

说明：

（1）END 是一个无操作元件的指令。

（2）PLC 的工作方式为循环扫描，即开机执行程序均由第一句指令语句（步序号为 00）开始执行，一直执行到最后一条语句 END，依次循环执行，当 END 指令后面的指令无效时，停止执行，所以在程序的适当位置插入 END 指令，可以方便地进行程序的分段调试。

经典例题解析

【例1】（2017高考题）FX系列PLC指令RST的功能是（   ）。

A．置位操作　　　　　　　　　　B．复位操作

C．电路块并联连接　　　　　　　D．电路块串联连接

【答案】：B

【解析】：此题主要考查学生对RST指令功能的理解。RST是一个复位指令，从A、B、C、D四个选项中可以看出只有B项符合题意，故选B。

【例2】（2017高考题）下列指令使用正确的是（   ）。

A．SET　　　　B．MC　M101　　　　C．PLS　M0　　　　D．OUT　X0

【答案】：C

【解析】：本题考查的是FX系列PLC指令集中基本指令的使用情况。A项中SET指令后面没有操作元件，使用不正确；B项中MC指令后面应该带两个操作元件，使用不正确；D项中OUT指令后面不能带X（输入继电器），使用不正确。故选C。

【例3】（2018二轮联考试卷）NOP指令是一条无_____、无_____的程序步。

【答案】：动作　操作元件

【解析】：此题考查学生对NOP指令的理解，NOP指令是一条无动作、无操作元件的程序步。所以答案为动作，操作元件。

【例4】PLC用户程序中END指令的作用是（   ）。

A．指令扫描到终点，有故障　　　　B．程序结束，停止运行

C．指令扫描到终点，将进行新扫描　D．以上均有可能

【答案】：C

【解析】：本题考查学生对END指令的理解。根据PLC循环扫描的工作方式可知，题意中只有C项符合要求。

同步练习

一、选择题

1．SET指令不能输出控制的继电器是（   ）。

　　A．Y　　　　　B．D　　　　　C．M　　　　　D．S

2．下列指令中属于下降沿微分输出的指令是（   ）。

　　A．LDP　　　　B．ANDP　　　　C．PLF　　　　D．ORF

3．下列有关SET、RST指令说法错误的是（   ）。

　　A．在梯形图中使用SET指令后，一定要使用RST指令来复位

　　B．SET和RST指令必须成对使用

　　C．用RST指令可以对定时器、计数器、数据寄存器和变址寄存器的内容清零

　　D．SET、RST指令只能对位元件进行置位或复位

4．当执行 PLS M0 指令后，下列关于 M0 输出情况说法正确的是（　　）。

  A．持续输出   B．不输出

  C．只输出一个扫描周期   D．不确定

5．下列指令使用正确的是（　　）。

  A．SET　D0   B．NOP　M0   C．END　Y0   D．PLS　M0

6．下列指令使用正确的是（　　）。

  A．OUT　X   B．AND　Y   C．MPS　M   D．NOP

7．可以对定时器、计数器及数据寄存器清零的指令是（　　）。

  A．SET   B．PLS   C．PLF   D．RST

8．在进行复杂程序调试时，常在程序中插入（　　）指令进行分段调试。

  A．NOP   B．PLS   C．END   D．PLF

二、填空题

1．SET 是＿＿＿＿指令，RST 是＿＿＿＿＿指令。

2．SET 指令可选操作元件有＿＿＿＿＿＿＿，RST 指令可选操作元件有＿＿＿＿＿＿＿。

3．SET、RST 指令均具有＿＿＿＿＿＿＿能力，RST 指令具有＿＿＿＿＿＿＿级。

4．定时器、计数器、数据寄存器和变址寄存器的内容清零，要用＿＿＿＿＿＿＿＿指令。

5．计数器的计数信号和复位信号同时到来时，＿＿＿＿＿＿＿＿优先。

6．计数器每次使用后需使用＿＿＿＿＿＿＿＿复位一次，才能再次使用。

7．PLS 是＿＿＿＿＿指令，PLF 是＿＿＿＿＿＿指令。

8．使用 PLS 指令时，元件 Y、M 仅在驱动输入触点闭合后的＿＿＿＿＿＿＿＿内动作，而使用 PLF 指令时，元件 Y、M 仅在驱动输入触点断开后的＿＿＿＿＿＿＿＿＿＿内动作。

9．NOP 指令是一条无＿＿＿＿＿＿、无＿＿＿＿＿＿的程序步。

10．在 PLC 编程的过程中，若预先在程序中插入＿＿＿＿＿，则修改程序时，可以使步序号的更改减少到最小。

11．在 PLC 程序调试的过程中，在程序的适当位置上插入＿＿＿＿＿＿，可以方便地进行程序的分段调试。

三、综合题

1．将图 4.5.5 所示的梯形图转换为指令语句表。

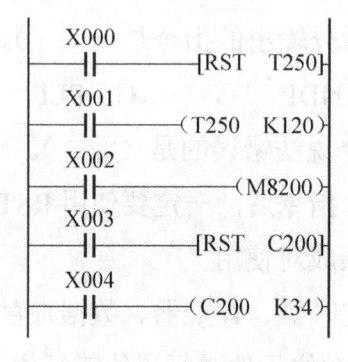

```
X000
 ├┤───────────────[RST  T250]
X001
 ├┤───────────────(T250  K120)
X002
 ├┤───────────────(M8200)
X003
 ├┤───────────────[RST  C200]
X004
 ├┤───────────────(C200  K34)
```

图 4.5.5　综合题 1 图

2．根据指令语句表画出对应的梯形图。

LD   X400
OR   X402
AND   X401
OUT   Y430
LD   X403
AND   Y430
OR   Y431
AND   X404
ORI   M101
OUT   Y431

3．根据指令语句表画出对应的梯形图。

LD   X0
AND   X1
LD   X2
AND   X3
ORB
LD   X4
ANI   X5
ORB
OUT   Y6

4．根据图 4.5.6 所示的梯形图画出 Y000 的波形图。

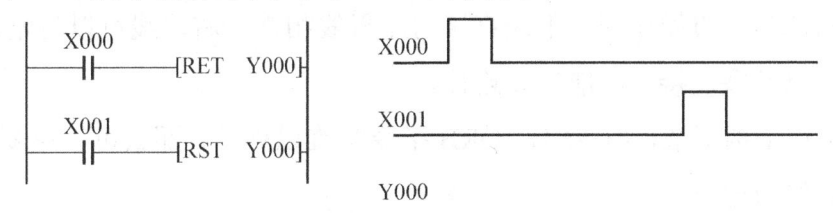

图 4.5.6 综合题 4 图

5．根据图 4.5.7 所示的梯形图画出 M0、M1 和 Y000 的波形图。

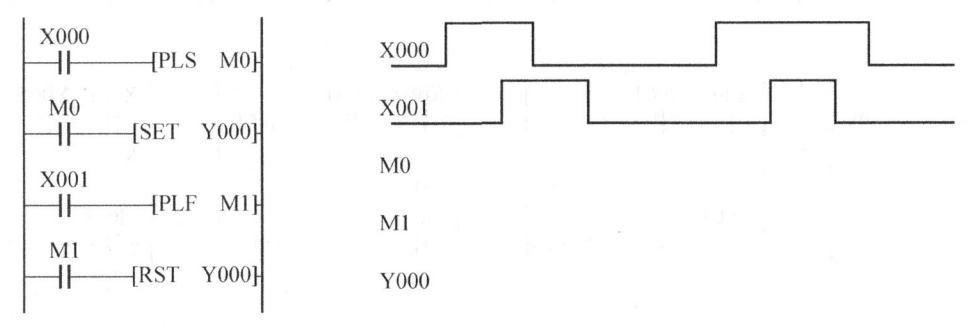

图 4.5.7 综合题 5 图

6. 试用 PLC 设计满足图 4.5.8 所示波形的程序。(定时器用 T192 100ms)

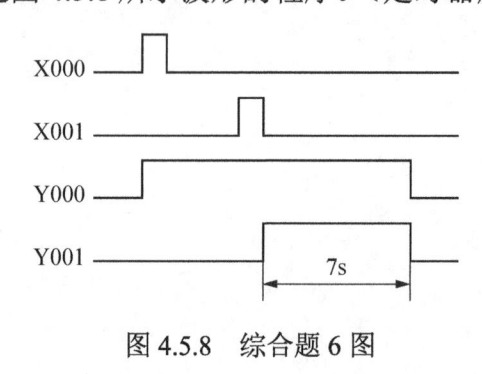

图 4.5.8 综合题 6 图

4.6 画梯形图的规则和技巧

知识梳理

梯形图是按照从上到下、从左到右的顺序设计的。它以一个线圈的结束为一个逻辑行（也称为一个梯级）。每一逻辑行的起点是左母线，接着是触点的连接，最后以线圈结束于右母线。画图时允许省略右母线。

画梯形图时的注意事项。

(1) 几个串联支路相并联时，应将触点最多的那个支路放在最上面。

(2) 几个并联支路相串联时，应将触点最多的支路放在最左面。

(3) 应尽量避免双线圈输出。

(4) 线圈并联电路中，应将单个线圈放在上边。

(5) 触点应画在水平线上，不能画在垂直线上（主控触点除外）。

(6) 触点只能与左母线相连，不能与右母线相连。

(7) 线圈只能与右母线相连，不能直接与左母线相连，右母线可以省略。

(8) 线圈可以并联连接，不能串联连接。

(9) 如果电路结构复杂，用 ANB、ORB 指令等难以处理，那么可以重复使用一些触点将原电路改成其等效电路。

经典例题解析

【例 1】（2009 高考题）（2018 高考题）在图 4.6.1 所示的 4 个梯形图中，正确且规范的是（   ）。

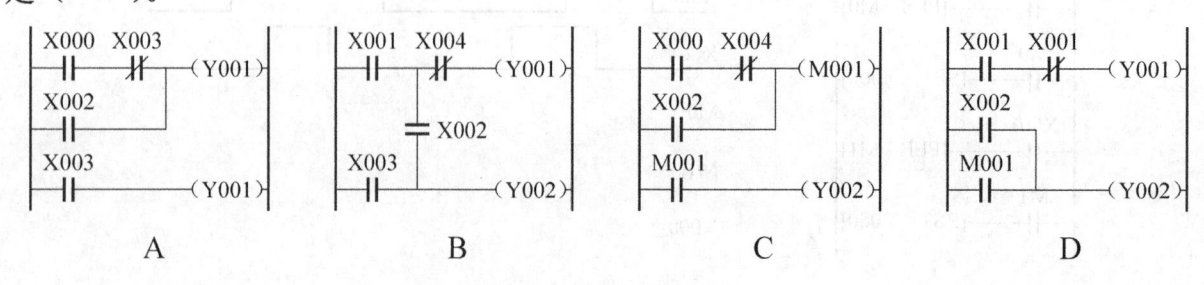

图 4.6.1 例 1 图

【答案】：C

【解析】：本题主要考查梯形图绘制规则与技巧的实际运用。A 项出现了双线圈 Y001，所以不正确；B 项中 X002 的动合触点垂直画出，在梯形图中是不允许的；D 项中 X001 的动合触点与动断触点串联使用，使得后面的线圈 Y001 无法正常工作，所以不正确。故选 C。

【例 2】（2010 高考题）在图 4.6.2 所示的梯形图中，不规范的点是（　　）。

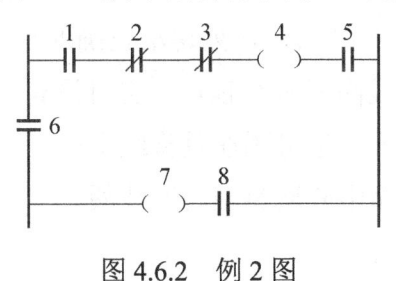

图 4.6.2　例 2 图

A．2，3，5　　　　　　　　　　B．4，5，6，7，8
C．4，5，7，8　　　　　　　　　D．6

【答案】：B

【解析】：此题中 4 点处的线圈与右母线之间有触点 5，所以 4、5 两点不规范；6 点处的动合触点垂直画，不规范；7 点处的线圈与左母线直接连接不规范；8 点处的动合触点与右母线直接连接不规范。所以本题选择 B 项。

【例 3】（2011 高考题）如图 4.6.3 所示，正确且规范的 PLC 梯形图是（　　）。

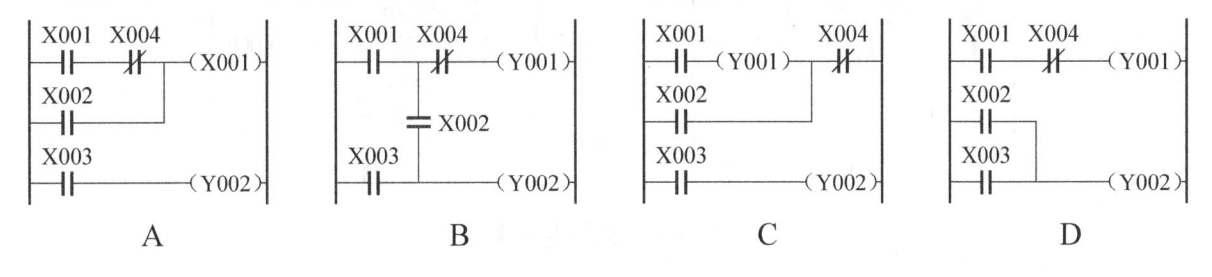

图 4.6.3　例 3 图

【答案】：D

【解析】：本题主要考查梯形图绘制规则与技巧的实际运用。A 项中线圈 X001 不能程序驱动，所以不正确；B 项中 X002 的动合触点垂直画出，在梯形图中是不允许的；C 项中 X004 的动断触点直接与右母线连接，线圈 Y001 没有直接接右母线，不正确。故此题的答案选择 D 项。

【例 4】（2012 高考题）（2014 高考题）在梯形图中，为减少程序所占的步数，就将串联触点多的支路排在（　　）。

A．前　　　　B．后　　　　C．上　　　　D．下

【答案】：C

【解析】：本题主要考查几个串联支路相并联时，应将触点最多的那个支路放在最上面。故选 C。

同步练习

一、选择题

1. 梯形图逻辑执行的顺序是（　　）。
   A. 从下到上、从左到右　　　　B. 从上到下、从右到左
   C. 从上到下、从左到右　　　　D. 从下到上、从右到左

2. 关于绘制梯形图的规则和技巧，下列说法正确的是（　　）。
   A. 梯形图的左母线与线圈间可有触点，也可没有
   B. 触点可画在水平线上，也可画在垂直线上
   C. 在一般逻辑控制程序中应避免使用双线圈
   D. 桥式电路可直接编程

3. 如图4.6.4所示，更合理的梯形图是（　　）。

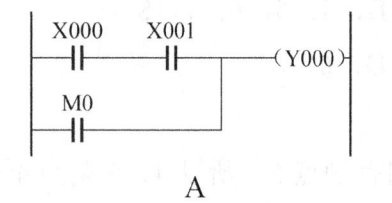

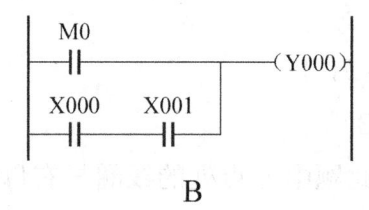

图4.6.4　选择题3图

4. 如图4.6.5所示，更合理的梯形图是（　　）。

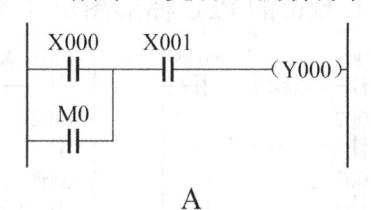

图4.6.5　选择题4图

5. 如图4.6.6所示，更合理的梯形图是（　　）。

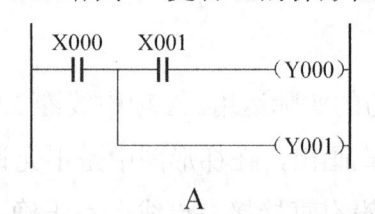

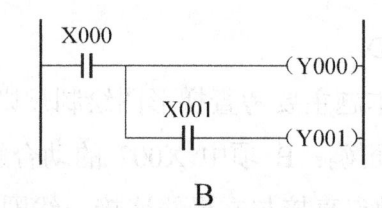

图4.6.6　选择题5图

6. 在图4.6.7所示的梯形图中，正确且规范的是（　　）。

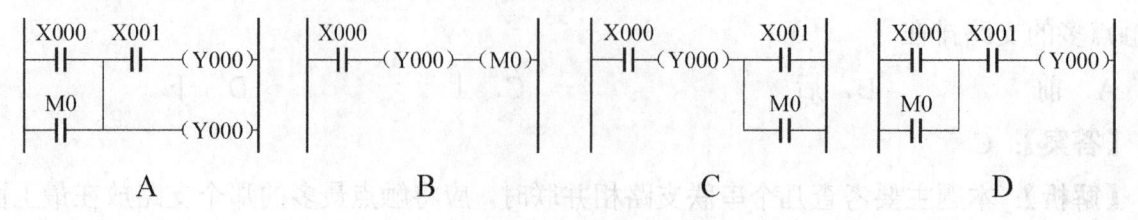

图4.6.7　选择题6图

7．(2018 高考题) 在图 4.6.8 所示的梯形图中，正确且规范的是（   ）。

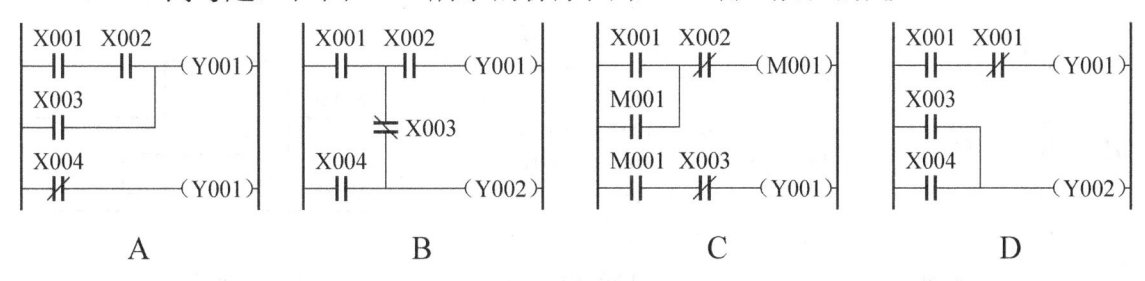

图 4.6.8　选择题 7 图

二、填空题

1．梯形图的左母线与线圈间一定要有_____，而线圈与右母线间不能有任何_____。

2．在梯形图中，触点只能画在_____上，不能画在_____上。

3．在梯形图中，有串联电路相并联时，应该将触点最多的那个串联支路放在梯形图的_____。

4．在梯形图中，有几个并联电路相串联时，应将并联触点多的回路放在_____。

5．如果电路结构复杂，用 ANB、ORB 指令等难以处理，那么可以重复使用一些_____改成其等效电路。

6．梯形图设计法有经验法和_____。

7．____指令仅适用于顺序控制系统。

4.7　常用基本单元电路的编程举例

知识梳理

1．定时器、计数器的应用

1) 延时断开电路

延时断开电路的梯形图、指令语句表和波形图如图 4.7.1 所示。

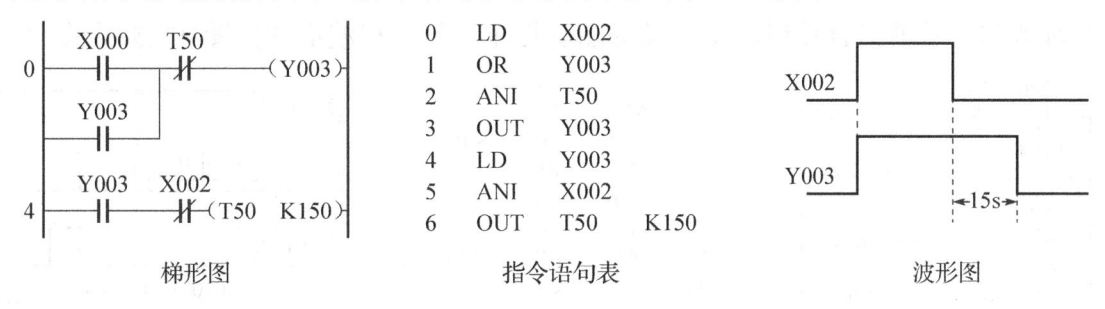

图 4.7.1　延时断开电路的梯形图、指令语句表和波形图

2) 延时闭合/断开电路

延时闭合/断开电路的梯形图、指令语句表和波形图如图 4.7.2 所示。

图 4.7.2 延时闭合/断开电路的梯形图、指令语句表和波形图

3) 脉冲发生器电路

脉冲发生器电路的梯形图、指令语句表和波形图如图 4.7.3 所示。

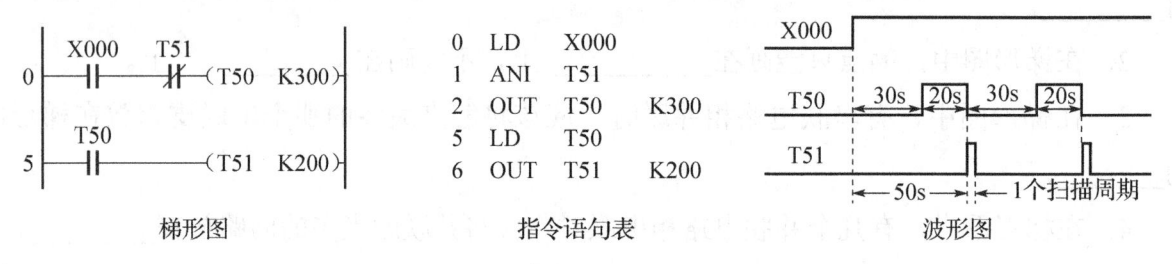

图 4.7.3 脉冲发生器电路的梯形图、指令语句表和波形图

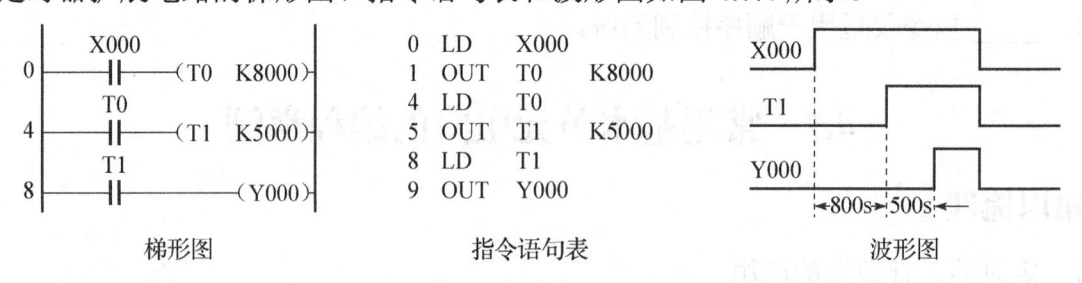

4) 定时器扩展电路

定时器扩展电路的梯形图、指令语句表和波形图如图 4.7.4 所示。

图 4.7.4 定时器扩展的梯形图、指令语句表和波形图

5) 定时器和计数器组合使用电路

定时器和计数器组合使用电路的梯形图、指令语句表和波形图如图 4.7.5 所示。

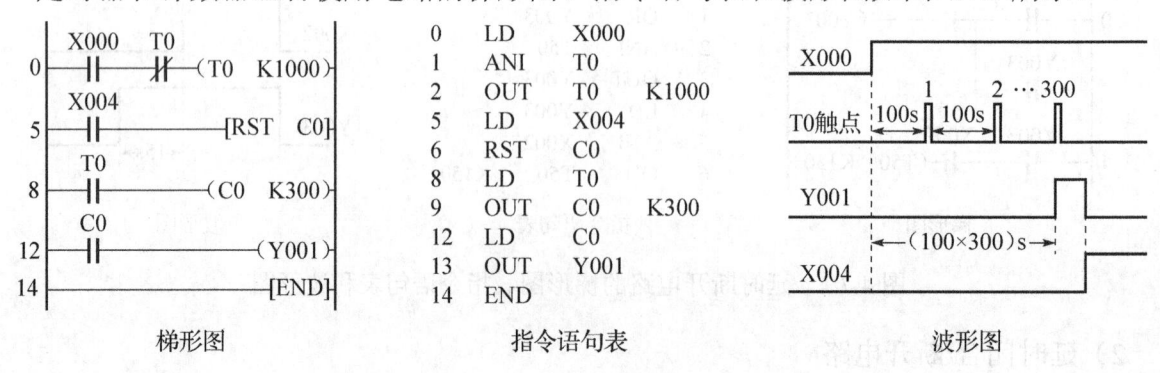

图 4.7.5 定时器和计数器组合使用电路的梯形图、指令语句表和波形图

2. 基本控制环节的编程举例

1）启动、自保、停止电路

启动、自保、停止电路是 PLC 控制电路最基本的环节。它经常用于对内部辅助继电器和输出继电器进行控制。启动、停止优先控制电路的梯形图和指令语句表如图 4.7.6 和图 4.7.7 所示。

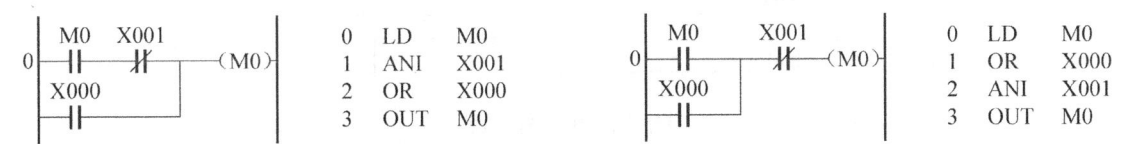

```
  M0   X001
0 ─┤├──┤/├──(M0)         0  LD   M0
  X000                    1  ANI  X001
  ─┤├─                    2  OR   X000
                          3  OUT  M0
```
图 4.7.6　启动优先控制电路的梯形图和指令语句表

```
  M0   X001
0 ─┤├──┤/├──(M0)         0  LD   M0
  X000                    1  OR   X000
  ─┤/├─                   2  ANI  X001
                          3  OUT  M0
```
图 4.7.7　停止优先控制电路的梯形图和指令语句表

2）互锁控制

在一些机械设备控制中，经常见到存在某种互相制约的关系，在 PLC 控制电路中一般用反映某一运动的信号去控制另一运动相应的电路，达到互锁控制的要求。具有电气互锁的电机正反转控制如图 4.7.8 所示。

```
    X000  Y001  X002
0  ─┤├───┤/├──┤/├──(Y000) 正转
   正转启动 互锁  停止
    Y000
   ─┤├─
    自锁
    X001  Y000  X002
5  ─┤├───┤/├──┤/├──(Y001) 反转
   反转启动 互锁  停止
    Y001
   ─┤├─
    自锁
```

```
0  LD   X000
1  OR   Y000
2  ANI  Y001
3  ANI  X002
4  OUT  Y000
5  LD   X001
6  OR   Y001
7  ANI  Y000
8  AFI  X002
9  OUT  Y001
```

梯形图　　　　　　　　指令语句表

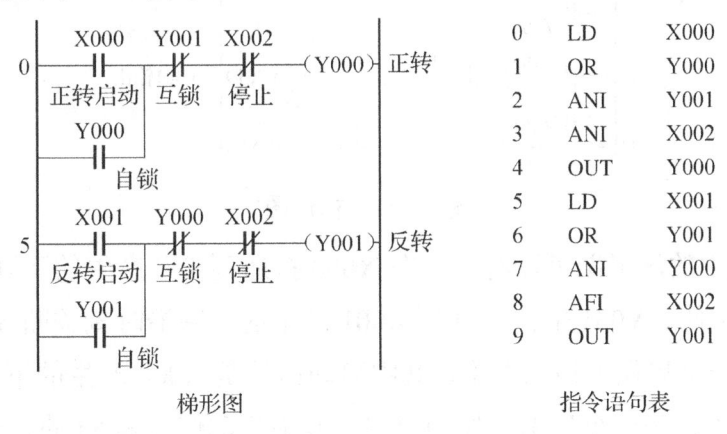

图 4.7.8　具有电气互锁的电机正反转控制

3）顺序控制

顺序控制是实际应用中最为典型的控制之一，在梯形图中常常将动合触点串联在后启动运行的支路。两台电机的顺序控制如图 4.7.9 所示。

```
    X000  X002
0  ─┤├───┤/├────(Y000)
    Y000
   ─┤├─

    X001  X002  Y000
4  ─┤├───┤/├──┤├──(Y001)
    Y001
   ─┤├─
```

```
0  LD   X000
1  OR   Y000
2  ANI  X002
3  OUT  Y000
4  LD   X001
5  OR   Y001
6  ANI  X002
7  AND  Y000
8  OUT  Y001
```

梯形图　　　　　　　　指令语句表

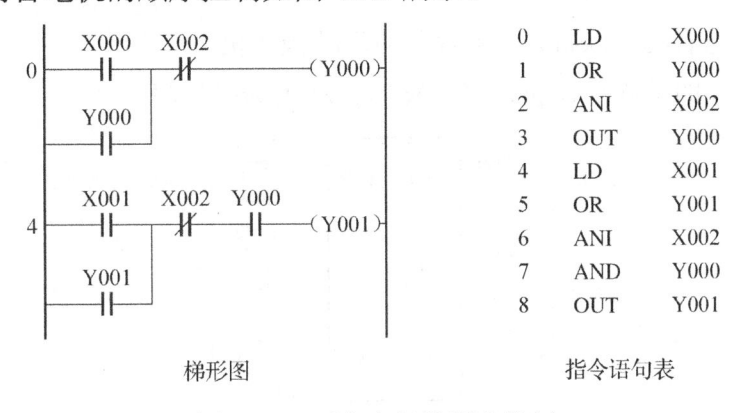

图 4.7.9　两台电机的顺序控制

经典例题解析

【例1】 试用 PLC 设计满足图 4.7.10 所示波形的梯形图。(定时器用 T192～T199,100ms)

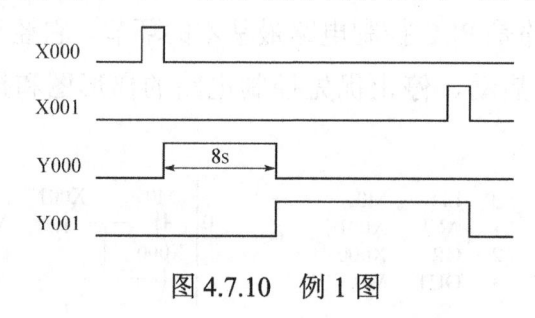

```
X000  ──┐ ┌─────────────────────
        └─┘
X001  ──────────────────────┐ ┌──
                            └─┘
Y000  ──┐←──8s──→┌───────────────
        └────────┘
Y001  ───────────┐ ┌─────────┐
                 └─┘         └───
```

图 4.7.10 例1图

【解答】：满足条件的梯形图如图 4.7.11 所示。

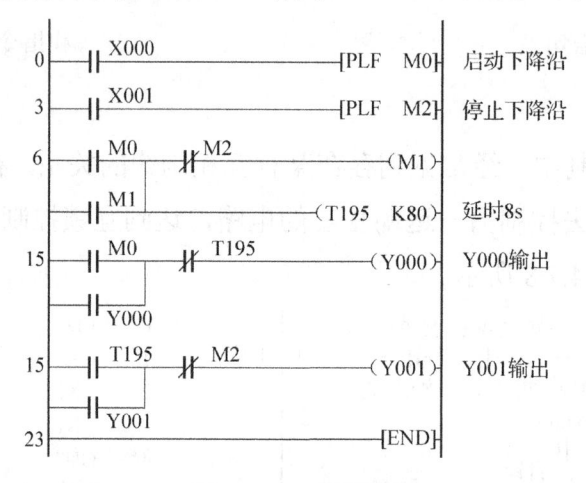

```
 0 ──┤├─ X000 ──────────────[PLF  M0]  启动下降沿
 3 ──┤├─ X001 ──────────────[PLF  M2]  停止下降沿
 6 ──┤├─ M0 ──┤/├─ M2 ──────(M1)
     ├─┤├─ M1
       ──────────────────(T195  K80)  延时8s
15 ──┤├─ M0 ──┤/├─ T195 ────(Y000)    Y000输出
     ├─┤├─ Y000
15 ──┤├─ T195 ──┤/├─ M2 ────(Y001)    Y001输出
     ├─┤├─ Y001
23 ─────────────────────────[END]
```

图 4.7.11 梯形图

【解析】：从题中的波形图可以看出，在 X000 接通到松开产生的下降沿处，Y000 输出 8s，8s 之后 Y000 关闭、Y001 输出，直到 X001 产生的下降沿时刻关断 Y001。从而我们可以了解到 Y000 是一个启保停控制电路，其中启动信号是 X000 产生的下降沿信号，停止信号是 8s 信号；Y001 也是一个启保停控制电路，其中启动信号是 8s 的延时信号，停止信号是 X001 产生的下降沿信号。这样我们可以借助辅助继电器把启动信号、停止信号和延时信号画出来，然后再画出 Y000、Y001 的两个启保停控制电路即可。

【例2】（2016 高考题）某锅炉鼓风机和引风机 PLC 控制接线图如 4.7.12 所示，请按要求编写 PLC 梯形图。控制要求如下。

（1）开机时，先启动引风机，10s 后自动启动鼓风机。

（2）停止时，立即关断鼓风机，经 20s 后自动关断引风机。

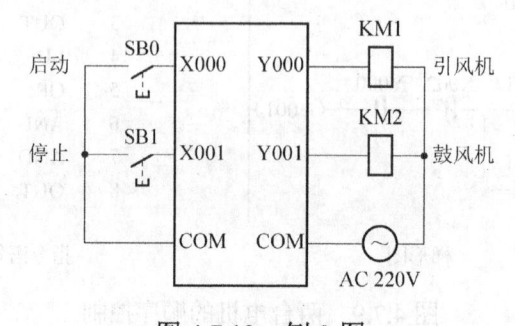

图 4.7.12 例2图

【解答】：满足条件的梯形图如图 4.7.13 所示。

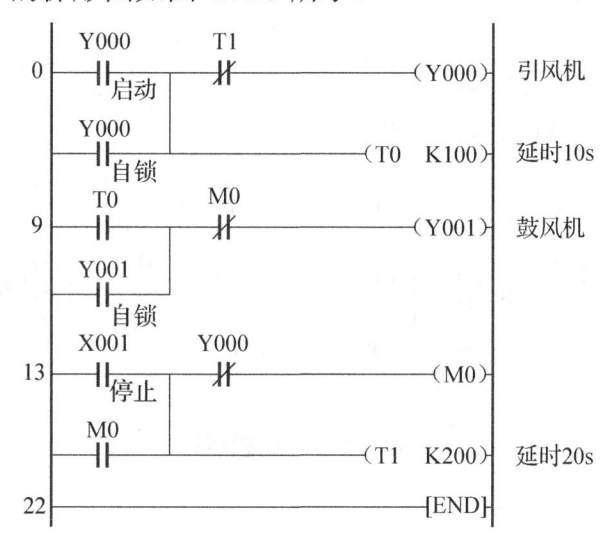

```
     Y000        T1
0  ──┤├──┬──────┤/├──────────────(Y000)   引风机
     启动│
     Y000│
       ──┤├─
       自锁                      (T0  K100)  延时10s

     T0         M0
9  ──┤├────────┤/├──────────────(Y001)   鼓风机
     Y000
       ──┤├─
       自锁

     X001       Y000
13 ──┤/├───────┤/├──────────────(M0)
     停止
     M0
       ──┤├─                    (T1  K200)  延时20s

22                              [END]
```

图 4.7.13 梯形图

【解析】：此题是采用定时器来实现顺序控制的典型案例。启动和停止两个过程中都有顺序要求，且都是采用定时器来完成顺序控制要求的。

【例3】（2017 高考题）某设备需要对三相异步电动机进行正反转控制。控制要求如下：设有正转、反转和停止三个按钮；具有正反转互锁功能；可正转停止反转，或反转停止正转直接转换；具有短路和过载保护。

（1）绘出采用继电器、接触器等电气控制元件的电动机的主电路和控制电路。

（2）绘出采用 PLC 进行控制的接线图。

（3）绘出符合控制要求的 PLC 梯形图。

【解答】：（1）采用继电器、接触器等电气控制元件的电动机的主电路和控制电路如图 4.7.14 所示。

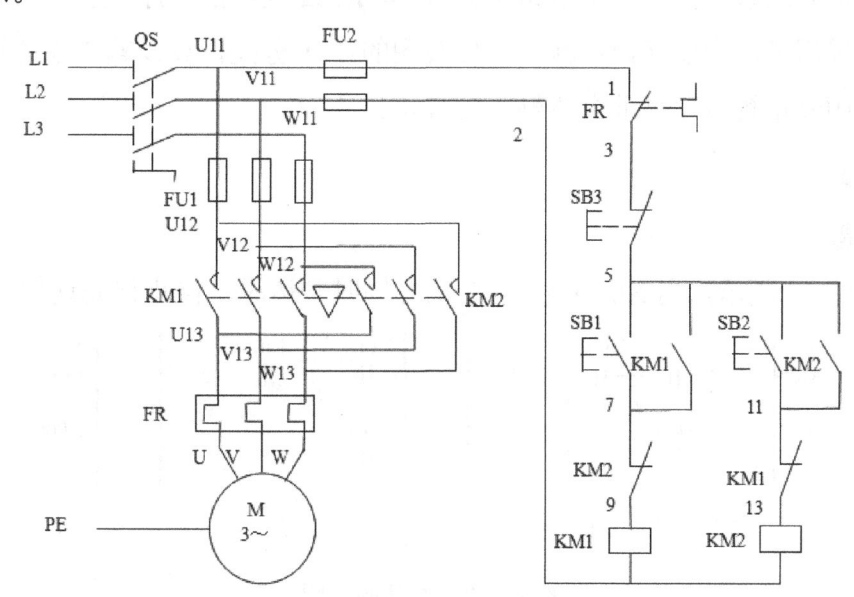

图 4.7.14 采用继电器、接触器等电气控制元件的电动机的主电路和控制电路

(2) PLC 接线图如图 4.7.15 所示。

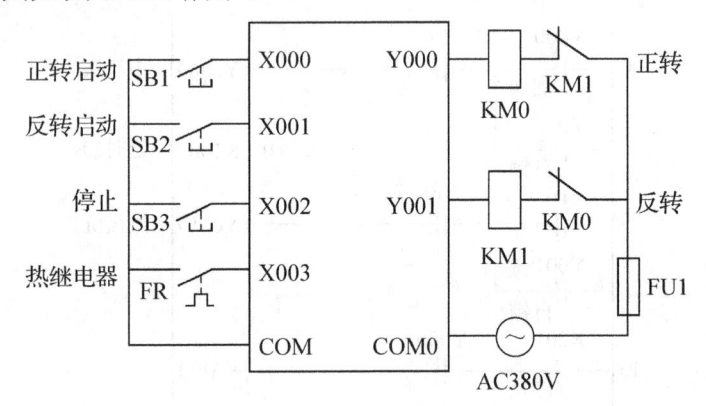

图 4.7.15 PLC 接线图

(3) PLC 梯形图如图 4.7.16 所示。

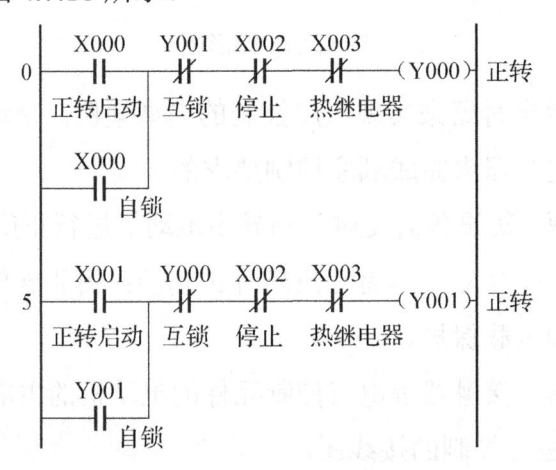

图 4.7.16 PLC 梯形图

【解析】：依题意可知本题考查的是用 PLC 设计电动机的正反转控制。在设计过程中，有几个关键点需要注意：其一，主电路中 KM1 与 KM2 连接的相序是否有改变；其二，控制电路中是否采用了接触器互锁；其三，接线图的 I/O 分配，以及输出端的接触器互锁；其四，梯形图中停止触点和热继电器触点的确定。

同步练习

一、选择题

1. 如图 4.7.17 所示，当 X0 与 X1 两个信号同时到达时，停止优先动作的是（　　）。

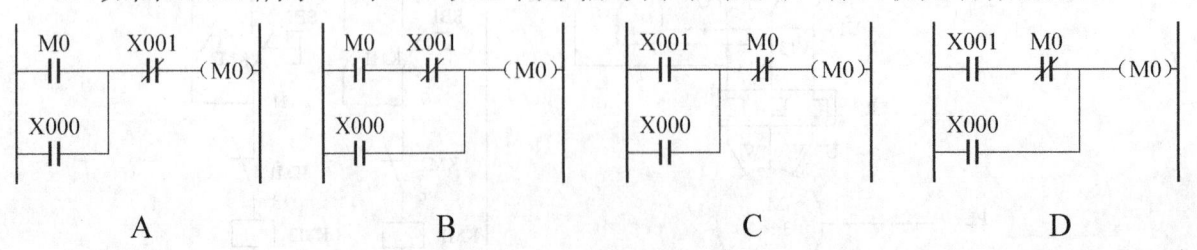

图 4.7.17 选择题 1 图

2. 如图 4.7.18 所示，当 X0 与 X1 两个信号同时到达时，启动优先动作的是（　　）。

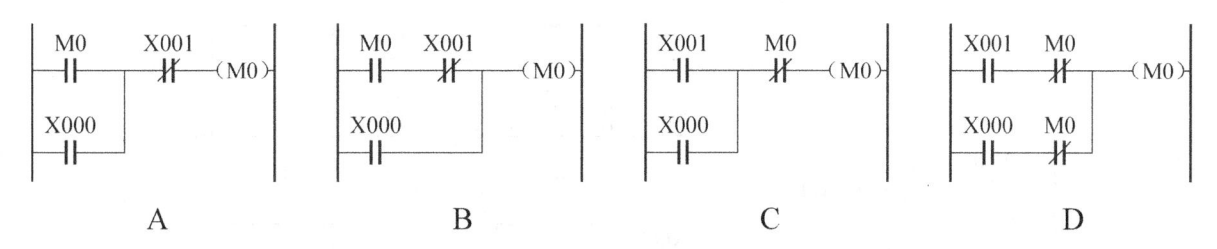

图 4.7.18 选择题 2 图

3. 在图 4.7.19 中,哪个图是延时断开电路。(   )

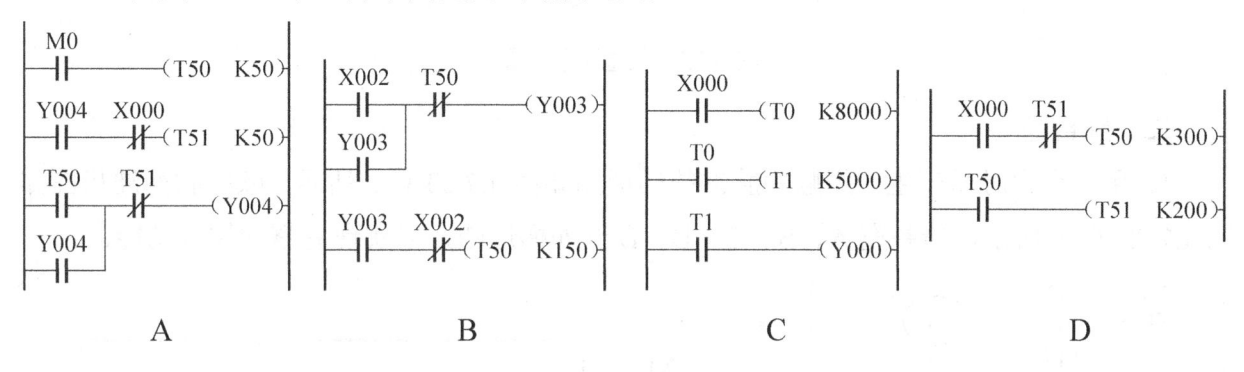

图 4.7.19 选择题 3 图

4. 在图 4.7.20 所示的梯形图中,其延时时间应该是(   )。

A. 800s   B. 500s   C. 40 000s   D. 1300s

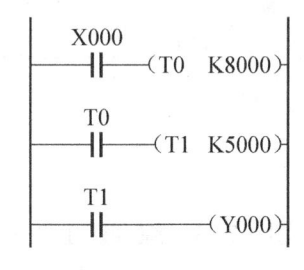

图 4.7.20 选择题 4 图

5. 在图 4.7.21 所示的梯形图中,其延时时间应该是(   )。

A. 30 000s   B. 100s   C. 300s   D. 400s

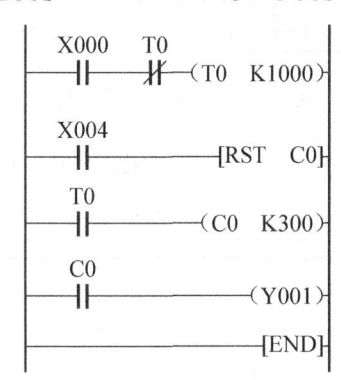

图 4.7.21 选择题 5 图

6. 在图 4.7.22 所示的梯形图中,其 M0 的时序逻辑图是(   )。

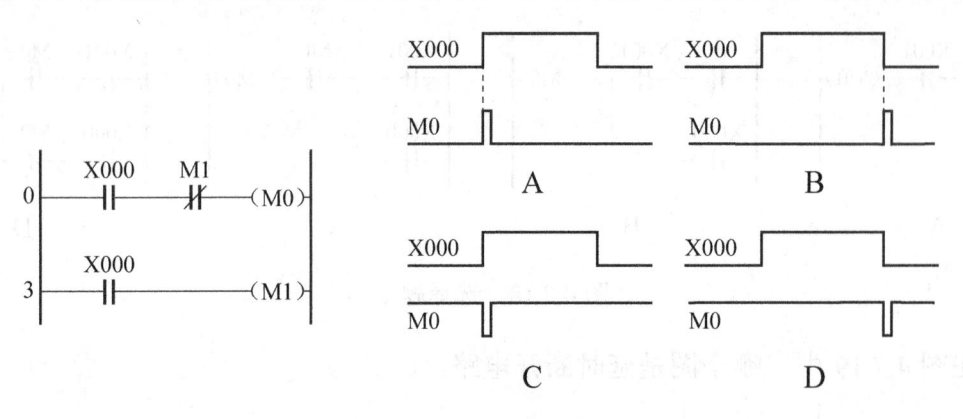

```
       X000    M1
 0  ───┤├─────┤/├──────(M0)

       X000
 3  ───┤├──────────────(M1)
```

```
X000 ──┐___┌──────┐___    X000 ──┐___┌──────┐___
M0   ──┐_┌────────────    M0   ─────────────┐_┌──
           A                         B

X000 ──┐___┌──────┐___    X000 ──┐___┌──────┐___
M0   ──┘─┐_└──────────    M0   ────────────┘─┐_└─
           C                         D
```

图 4.7.22 选择题 6 图

二、综合题

1. 用三个定时器产生一组顺序脉冲的梯形图如图 4.7.23（a）所示，顺序脉冲波形图如图 4.7.23（b）所示，请补充 A、B、C、D、E 五处梯形图，以实现完整的控制功能。

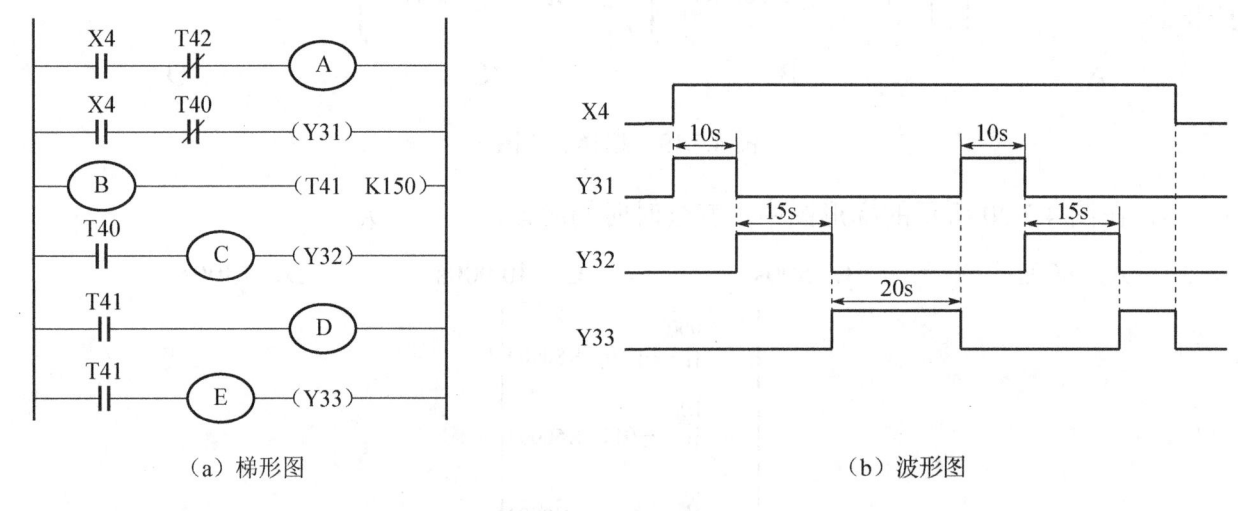

（a）梯形图　　　　　　　　　　　　（b）波形图

图 4.7.23 综合题 1 图

2. 根据图 4.7.24 所示，设计通电和断电延时电路。

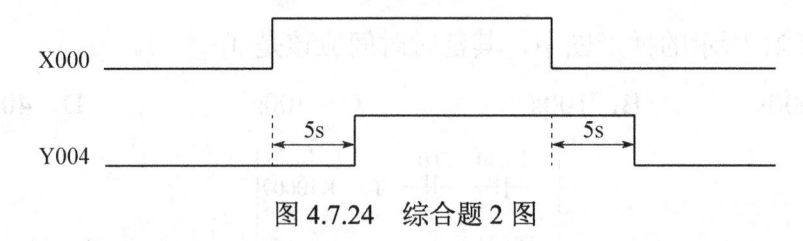

图 4.7.24 综合题 2 图

3. 试用 PLC 设计满足图 4.7.25 所示波形的梯形图。（定时器用 T192～T199，100ms）

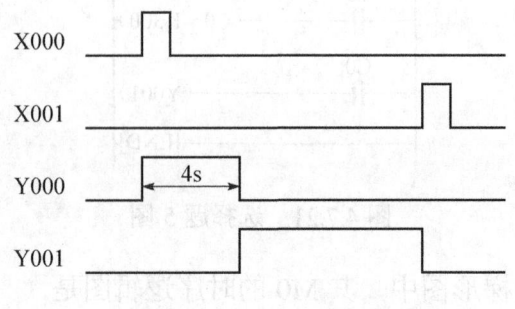

图 4.7.25 综合题 3 图

4. 三相异步电动机启动、停止控制电路如图 4.7.26 所示。其中图 4.7.26（a）所示为主电路，图 4.7.26（b）所示为 PLC 接线图，即控制电路。

控制要求如下。

（1）按下按钮 SB1，接触器 KM 的线圈得电，主电路电动机 M 转动，并保持。

（2）按下按钮 SB2，接触器 KM 的线圈失电，主电路电动机 M 停止。

（3）若电动机过载时，热继电器 FR 动作，其动合触点闭合，电动机 M 停止，同时报警灯 HL 闪烁。

（a）主电路　　　　　　　　　（b）PLC 接线图

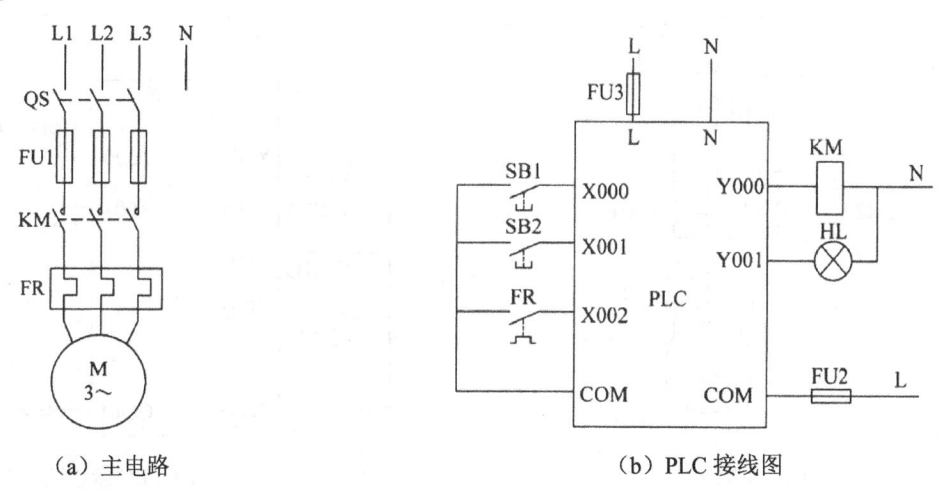

图 4.7.26　综合题 4 图

设计要求如下。

（1）完成 PLC 的 I/O 分配表。

（2）完成 PLC 的梯形图与指令语句表。

5. 某三相异步电动机的控制电路如图 4.7.27 所示，其中图 4.7.27（a）所示为主电路，图 4.7.27（b）所示为 PLC 接线图。

控制要求如下。

（1）在电动机停止时，按下按钮 SB2，接触器 KM1 的线圈得电，其辅助动合触点闭合，电动机正转。

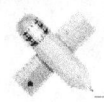

（2）在电动机停止时，按下按钮 SB3，接触器 KM2 的线圈得电，其辅助动合触点闭合，电动机反转。

（3）按下按钮 SB1，电动机停转。

（4）过载时热继电器 FR 的动合触点闭合，接触器 KM1 或接触器 KM2 的线圈失电，电动机停转。

（5）要求具有软件互锁。

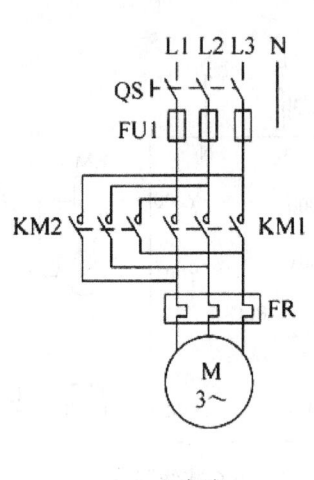

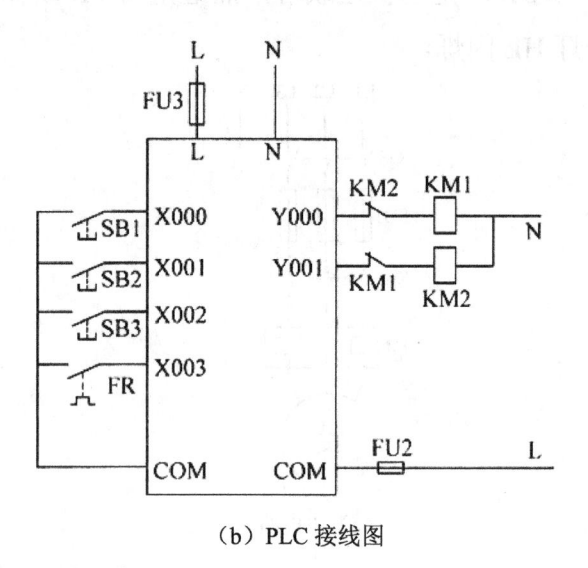

(a) 主电路

(b) PLC 接线图

图 4.7.27　综合题 5 图

设计要求如下。

(1) 完成 PLC 的 I/O 分配表。

(2) 完成 PLC 的梯形图与指令语句表（使用触点组合的控制梯形图）。

(3) 完成 PLC 的梯形图与指令语句表（使用置位、复位指令的梯形图）。

6. 某三相异步电动机的控制电路如图 4.7.28 所示，其中图 4.7.28（a）所示为主电路，图 4.7.28（b）所示为 PLC 接线图。

控制要求如下。

（1）按下启动按钮 SB1，接触器 KM1、KM2 的线圈得电，电动机 M 成 Y 形接法，开始启动，同时开始定时；定时 3s 后，接触器 KM2 的线圈失电，接触器 KM3 的线圈得电，电动机 M 成△形接法，进入正常运转。

（2）按下按钮 SB2，接触器 KM1、KM2、KM3 的线圈均失电，电动机 M 停止。

（3）若电动机 M 过载，热继电器 FR 的动合触点闭合，接触器 KM1、KM2、KM3 的线圈均失电，电动机 M 停止。

（4）要求具有软件互锁。

（a）主电路　　　　（b）PLC 接线图

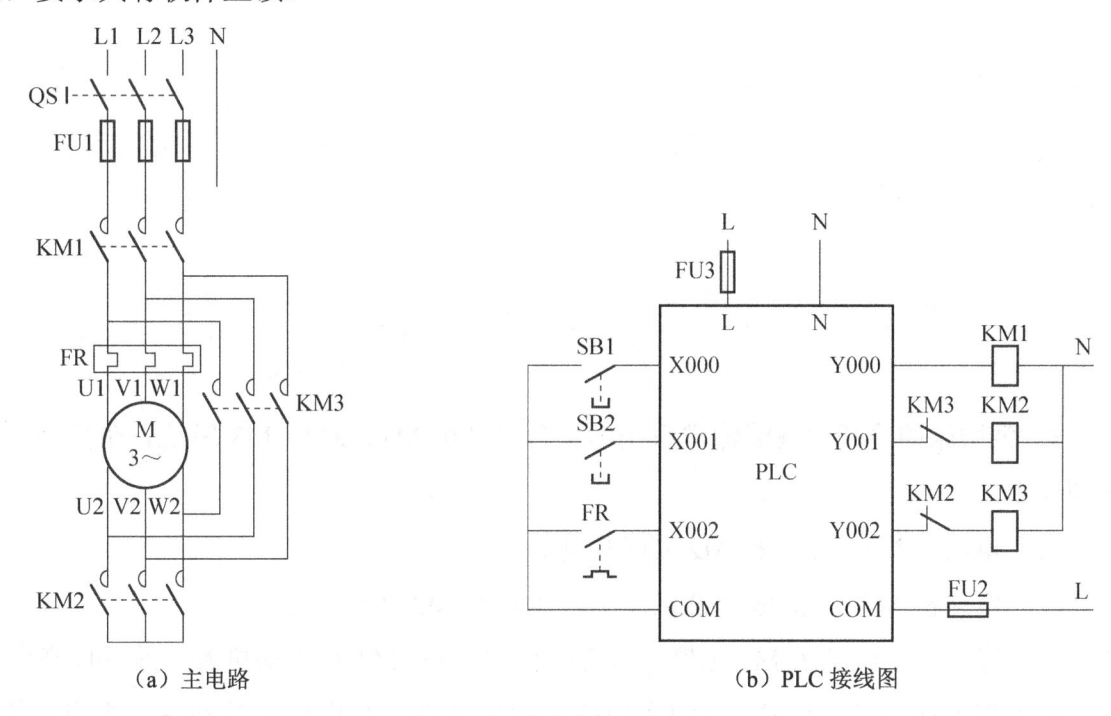

图 4.7.28　综合题 6 图

设计要求如下。

（1）完成 PLC 的 I/O 分配表。

（2）完成 PLC 的梯形图与指令语句表（使用触点组合的控制梯形图）。

7. 试用 PLC 设计喷泉电路的梯形图。（定时器用 T192～T199，100ms）

要求：喷泉有 A、B、C 三组喷头。接通启动信号后，A、B、C 三组的工作流程如下。

（1）A 组喷 5s，B 组、C 组停止。

（2）A 组停止，B 组、C 组喷 5s。

（3）A 组、B 组停止，C 组喷 5s。

（4）A 组、B 组喷 2s，C 组停止。

（5）A 组、B 组、C 组喷 2s。

（6）A 组、B 组、C 组三组全部停 3s，再重复（1），如此循环下去。

其中 A（Y0），B（Y1），C（Y2），启动信号 X0。

8. 某磨床的冷却液滤清输送系统由 3 台电动机 M1、M2、M3 驱动。在控制上应满足下列要求。

（1）电动机 M1、电动机 M2 同时启动。

（2）电动机 M1、电动机 M2 启动后，电动机 M3 才能启动。

（3）停止时，电动机 M3 先停，隔 2s 后，电动机 M1 和电动机 M2 再同时停止。

试根据上述要求，完成电动机主电路、控制电路，以及 PLC 接线图和梯形图的设计。